高职高专"十三五"规划教材

自动检测技术

（第2版）

主　编　王　前　肖正洪　王婷婷
副主编　潘　湛　李东林　陈晶瑾

北京航空航天大学出版社

内 容 简 介

本书是作者多年来在从事传感器教学及科研的基础上,结合第1版教材的反馈意见编写而成的。全书共包括9个项目,分别为检测技术与传感器的基础知识、温度检测、力的检测、流量检测、物位检测与厚度检测、位移检测与速度检测、其他常见量检测、抗干扰技术、传感器在自动生产线中的应用。本书较之第1版,增加了新器件、新技术的内容,帮助学生了解前沿技术;增加了科技小制作,提升学生的学习兴趣。

本书既可作为电气工程及自动化、机械设计制造及自动化、机电一体化、自动化、电子信息工程、测控技术与仪器等专业的高职高专教材,也可作为广大从事检测技术开发与应用的工程技术人员的自学用书。

图书在版编目(CIP)数据

自动检测技术 / 王前,肖正洪,王婷婷主编. -- 2版. -- 北京:北京航空航天大学出版社,2017.8
ISBN 978 - 7 - 5124 - 2482 - 1

Ⅰ.①自… Ⅱ.①王… ②肖… ③王… Ⅲ.①自动检测—高等学校—教材 Ⅳ.①TP274

中国版本图书馆CIP数据核字(2017)第185637号

版权所有,侵权必究。

自动检测技术
(第2版)

主　编　王　前　肖正洪　王婷婷
副主编　潘　湛　李东林　陈晶瑾
责任编辑　孙兴芳

*

北京航空航天大学出版社出版发行

北京市海淀区学院路37号(邮编100191)　http://www.buaapress.com.cn
发行部电话:(010)82317024　传真:(010)82328026
读者信箱: goodtextbook@126.com　邮购电话:(010)82316936
北京宏伟双华印刷有限公司印装　各地书店经销

*

开本:787×1 092　1/16　印张:13.75　字数:352千字
2017年8月第2版　2021年8月第4次印刷　印数:4 651～6 650册
ISBN 978 - 7 - 5124 - 2482 - 1　定价:39.80元

若本书有倒页、脱页、缺页等印装质量问题,请与本社发行部联系调换。联系电话:(010)82317024

前　言

随着工业自动化技术与物联网技术的迅猛发展，传感器自动检测技术得到了越来越广泛的应用，各高等职业院校也逐渐将"自动检测技术"作为电气自动化和机电一体化专业的专业课。为此，作者结合多年的教学和工作经验编写了本书。

本书主要介绍了检测技术的一般概念和测量方法、误差分析，以及在工业、科研、生产、生活等领域中常用传感器的基本概念、基本结构及工作原理；具体列举了家用电器中的传感器应用，贴近生活，还集中列举了检测技术在工业生产中应用的实例；在取材上，侧重具体实用电路，应用实例贯穿于各个项目，以突出基本技能的培养。同时，结合高职高专课程改革实践经验，在一些常见的传感器的介绍中增加了小制作环节，希望能够提升学生的实际动手能力，同时提高学生的学习兴趣，加深对传感器的理解。

本书采用模块化教学模式，以项目教学法为载体，实现完整、系统的教学设计，以提高学生的操作技能和综合应用能力。全书共包括九个项目：项目一重点讲述了测量系统的测量误差分析及处理、传感器相关的知识等，使学生能够从测量系统的角度，对测量误差等相关知识有一个总体的了解，对传感器的特性以及发展与应用有一个初步的认识；项目二至项目七主要介绍了流程工业中的主要参数，如温度、压力、流量及有关机械量等参数的检测技术；项目八对完整检测系统中的抗干扰技术与信号处理进行了简单介绍；项目九介绍了一种综合性的工业自动化系统，是对自动检测应用的实践性说明。

本书对传感器原理力求讲清物理概念，对传感器的应用充分结合生产和工程实践，具有一定的实用价值和参考价值。本书突出应用性和实用性，弱化理论推导，强化实践能力的培养，将传感器和工程检测方面的知识有机地联系起来，使学生在掌握传感器原理的基础上，能更进一步地应用这方面的知识解决工程检测中的具体问题。

本书计划学时数为 64 学时，参考学时如下（各学校可根据具体情况进行调整）：

项目	内容	学时
项目一	检测技术与传感器的基础知识	4 学时
项目二	温度检测	6 学时
项目三	力的检测	10 学时
项目四	流量检测	4 学时
项目五	物位检测与厚度检测	10 学时
项目六	位移检测与速度检测	10 学时

项目七　其他常见量检测　　　　　　　　8学时
项目八　抗干扰技术　　　　　　　　　　6学时
项目九　传感器在自动生产线中的应用　　6学时

　　本书由王前、肖正洪和王婷婷任主编，潘湛、李东林和陈晶瑾任副主编。具体编写工作为：王前编写项目一、项目四和项目八，肖正洪编写项目二、项目七和项目九，王婷婷编写项目三、项目五和项目六，潘湛负责项目二、项目三的实验操作部分，陈晶瑾负责项目五、项目六的实验操作部分，李东林负责项目七的实验操作部分。全书由王前负责统稿，越威主审。在编写过程中参考了一些技术资料并引用了部分内容，详见参考文献。同时，在编写过程中还得到了北京航空航天大学出版社的大力支持和帮助，在此表示感谢。

　　由于作者水平有限，在编写过程中难免存在不足之处，恳请广大读者批评指正。

作　者
2017 年 5 月

目　　录

项目一　检测技术与传感器的基础知识 ··· 1
　1.1　检测技术的基本概念 ··· 1
　　1.1.1　检测技术 ··· 1
　　1.1.2　传感器 ·· 1
　1.2　测量方法 ·· 3
　　1.2.1　按测量手段分类 ·· 3
　　1.2.2　按测量方式分类 ·· 3
　1.3　测量误差 ·· 4
　　1.3.1　误差的基本概念及表达方式 ··· 4
　　1.3.2　误差的来源 ··· 5
　　1.3.3　测量误差的估计和校正 ·· 6
　　1.3.4　测量结果的数学处理 ··· 7
　1.4　传感器的基本特性 ··· 8
　　1.4.1　传感器的静态特性 ··· 8
　　1.4.2　传感器的动态特性 ··· 11
　1.5　传感器的发展方向与应用 ··· 12
　　1.5.1　微型化（micro） ·· 12
　　1.5.2　智能化（smart） ·· 12
　　1.5.3　无线网络化（wireless networked） ···································· 13

项目二　温度检测 ··· 15
　2.1　温标及测温方法 ·· 15
　　2.1.1　温　标 ··· 15
　　2.1.2　温度检测的主要方法及分类 ··· 16
　　2.1.3　常见传感器与工作原理 ·· 16
　2.2　膨胀式温度计 ·· 17
　　2.2.1　双金属温度计 ·· 17
　　2.2.2　压力式温度计 ·· 18
　2.3　热电阻传感器 ·· 19
　　2.3.1　金属热电阻传感器 ··· 19
　　2.3.2　半导体热电阻传感器 ··· 21
　　2.3.3　验证实验——铂热电阻 ·· 24
　2.4　热电偶传感器 ·· 25
　　2.4.1　热电偶测量原理 ·· 25
　　2.4.2　热电极材料及常用热电偶 ·· 28

2.4.3　热电偶的结构 …………………………………………………………… 30
　　2.4.4　热电偶冷端温度补偿 …………………………………………………… 32
　　2.4.5　热电偶常用测温电路 …………………………………………………… 34
　　2.4.6　验证实验——热电偶测温实验 ………………………………………… 35
2.5　辐射式温度传感器 ………………………………………………………………… 36
　　2.5.1　辐射测温的物理基础 …………………………………………………… 36
　　2.5.2　辐射测温方法 …………………………………………………………… 38
　　2.5.3　常见测量设备 …………………………………………………………… 38
2.6　小制作——热带鱼缸水温自动控制器 …………………………………………… 41

项目三　力的检测 ……………………………………………………………………… 42

3.1　应变式压力计 ……………………………………………………………………… 43
　　3.1.1　导电材料的应变电阻效应 ……………………………………………… 43
　　3.1.2　应变计的结构、类型及动态特性 ……………………………………… 44
　　3.1.3　应变计的使用 …………………………………………………………… 46
　　3.1.4　应变计的温度效应及其补偿 …………………………………………… 46
　　3.1.5　测量电路 ………………………………………………………………… 47
　　3.1.6　应变式传感器 …………………………………………………………… 49
　　3.1.7　验证实验——应变片实验 ……………………………………………… 52
3.2　压电式传感器 ……………………………………………………………………… 54
　　3.2.1　压电效应 ………………………………………………………………… 54
　　3.2.2　测量线路 ………………………………………………………………… 57
　　3.2.3　压电式传感器的应用 …………………………………………………… 58
　　3.2.4　验证实验——压电式加速度传感器的性能测试 ……………………… 59
3.3　电容式传感器 ……………………………………………………………………… 60
　　3.3.1　电容式传感器的工作原理及结构 ……………………………………… 60
　　3.3.2　测量电路 ………………………………………………………………… 62
　　3.3.3　电容式传感器的应用 …………………………………………………… 64
　　3.3.4　验证实验——电容式传感器性能测试 ………………………………… 65
3.4　霍尔式传感器 ……………………………………………………………………… 66
　　3.4.1　霍尔效应 ………………………………………………………………… 66
　　3.4.2　霍尔元件 ………………………………………………………………… 67
　　3.4.3　霍尔集成电路 …………………………………………………………… 68
　　3.4.4　霍尔式传感器的应用 …………………………………………………… 70
　　3.4.5　验证实验——霍尔式传感器性能测试 ………………………………… 72
3.5　小制作——敲击式电子门铃 ……………………………………………………… 74

项目四　流量检测 ……………………………………………………………………… 76

4.1　流量的测量方法 …………………………………………………………………… 76
4.2　差压式流量计 ……………………………………………………………………… 76
　　4.2.1　节流装置 ………………………………………………………………… 77

  4.2.2　两种差压式流量计 ……………………………………………………… 78
  4.2.3　标准节流装置 ………………………………………………………… 78
  4.2.4　取压方式 ……………………………………………………………… 81
  4.2.5　节流式流量检测 ……………………………………………………… 82
 4.3　容积式流量计 ……………………………………………………………… 82
  4.3.1　容积式流量计的工作原理 …………………………………………… 82
  4.3.2　常见结构 ……………………………………………………………… 82
 4.4　速度式流量计 ……………………………………………………………… 84
  4.4.1　叶轮式流量计 ………………………………………………………… 84
  4.4.2　涡轮式流量计 ………………………………………………………… 84
 4.5　振动式流量计 ……………………………………………………………… 85
  4.5.1　旋涡流量计 …………………………………………………………… 85
  4.5.2　旋进式旋涡流量计 …………………………………………………… 86
 4.6　电磁式流量计 ……………………………………………………………… 86
  4.6.1　电磁式流量计的工作原理 …………………………………………… 86
  4.6.2　设备结构 ……………………………………………………………… 87
  4.6.3　电磁式流量计的特点 ………………………………………………… 88
  4.6.4　电磁式流量计的选用和安装 ………………………………………… 88
 4.7　超声波流量计 ……………………………………………………………… 89
  4.7.1　超声波流量计的工作原理 …………………………………………… 89
  4.7.2　典型用途 ……………………………………………………………… 89
  4.7.3　安装超声波传感器 …………………………………………………… 91

项目五　物位检测与厚度检测 ……………………………………………………… 94
 5.1　电气式物位检测 …………………………………………………………… 95
 5.2　超声波传感器 ……………………………………………………………… 97
  5.2.1　超声波物理基础 ……………………………………………………… 97
  5.2.2　超声波传感器及耦合技术 …………………………………………… 97
  5.2.3　超声波传感器的应用 ………………………………………………… 99
  5.2.4　无损探伤 ……………………………………………………………… 102
  5.2.5　验证实验——超声波测距离实验 …………………………………… 104
 5.3　核辐射传感器 ……………………………………………………………… 106
  5.3.1　核辐射检测的物理基础 ……………………………………………… 106
  5.3.2　核辐射探测器 ………………………………………………………… 107
  5.3.3　核辐射传感器的应用 ………………………………………………… 108
 5.4　小制作——超声波遥控照明灯 …………………………………………… 110

项目六　位移检测与速度检测 ……………………………………………………… 112
 6.1　电感传感器 ………………………………………………………………… 112
  6.1.1　自感传感器 …………………………………………………………… 113
  6.1.2　差动变压器传感器(差动变压器) …………………………………… 115

6.1.3 电感传感器的应用 …… 118
6.1.4 验证实验——电感传感器实验 …… 119
6.2 电涡流传感器 …… 122
6.2.1 电涡流效应 …… 122
6.2.2 电涡流传感器的结构及特性 …… 122
6.2.3 电涡流传感器的测量转换电路 …… 123
6.2.4 电涡流传感器的应用 …… 124
6.2.5 电涡流传感器测量中的影响因素 …… 125
6.2.6 验证实验——电涡流传感器实验 …… 126
6.3 码盘式传感器 …… 129
6.3.1 光电码盘式传感器的工作原理 …… 129
6.3.2 角编码器 …… 129
6.3.3 码盘式传感器的应用 …… 132
6.4 光栅传感器 …… 133
6.4.1 光栅的类型和结构 …… 133
6.4.2 光栅传感器的工作原理 …… 135
6.4.3 轴环式光栅数显表 …… 137
6.4.4 光栅传感器的应用 …… 138
6.5 小制作——转速测量仪 …… 139

项目七 其他常见量检测 …… 141
7.1 红外传感器 …… 141
7.1.1 红外传感器的分类 …… 141
7.1.2 红外线的产生 …… 142
7.1.3 红外探测设备 …… 142
7.2 光学量测量 …… 143
7.2.1 光电效应 …… 143
7.2.2 光电器件 …… 144
7.2.3 验证实验 …… 147
7.3 光纤传感器 …… 150
7.3.1 光纤基础知识 …… 150
7.3.2 光纤传感器的应用 …… 151
7.3.3 验证实验 …… 152
7.4 成分参数检测传感器 …… 154
7.4.1 气体成分检测 …… 154
7.4.2 液体浓度检测 …… 154
7.4.3 湿度与含水量检测 …… 155
7.5 磁场检测传感器 …… 156
7.5.1 电磁感应法 …… 156
7.5.2 霍尔效应测量磁场 …… 156

7.6　小制作——红外开关干手器 ··· 157
项目八　抗干扰技术 ·· 160
　8.1　干扰的来源 ·· 160
　　8.1.1　常见的干扰类型 ··· 160
　　8.1.2　噪声与信噪比 ·· 161
　8.2　干扰的耦合方式及传输途径 ··· 161
　　8.2.1　干扰耦合方式 ·· 161
　　8.2.2　差模干扰和共模干扰 ··· 165
　8.3　干扰抑制技术 ··· 167
　　8.3.1　硬件抗干扰措施 ··· 168
　　8.3.2　软件抗干扰措施 ··· 178
项目九　传感器在自动生产线中的应用 ··· 181
　9.1　自动生产线系统的组成与功能 ·· 181
　9.2　各单元传感器认知与工作过程 ·· 184
　　9.2.1　供料单元控制系统 ·· 184
　　9.2.2　加工单元控制系统 ·· 193
　　9.2.3　装配单元控制系统 ·· 194
　　9.2.4　分拣单元控制系统 ·· 201
　　9.2.5　输送单元控制系统 ·· 204
参考文献 ·· 210

项目一　检测技术与传感器的基础知识

在现代工业生产中,为了检测、监督和控制某个生产过程或运动对象,使它们处于最佳工作状态,就必须掌握描述它们特性的各种参数,即首要测量这些参数的大小、方向和变化速度等。所谓检测,就是人们借助仪器、设备,利用各种物理效应,采用一定的方法,将客观世界的有关信息通过检查和测量获取定性或定量信息的认识过程。这些仪器和设备的核心内容就是检测技术。

1.1　检测技术的基本概念

1.1.1　检测技术

检测技术是以研究自动检测系统中的信息提取、信息转换以及信息处理的理论和技术为主要内容的一门应用技术学科。

任务:寻找与自然信息具有对应关系的各种表现形式的信号,以及确定二者间的定性、定量关系;从反映某一信息的多种信号表现中挑选出在所处条件下最为合适的表现形式,以及寻求最佳的采集、变换、处理、传输、存储、显示等的方法和相应的设备。

自动检测系统是自动测量、自动计量、自动保护、自动诊断、自动信号等诸多系统的总称。其组成如图1-1所示。

图1-1　自动检测系统的组成

1.1.2　传感器

1. 传感器概念

传感器是一种以一定的精确度把被测量转换为与之有确定对应关系的、便于应用的某种物理量的测量装置。对此定义需要明确以下几点:

① 传感器是测量装置,能完成信号的获取任务;
② 它的输入量是某一被测量;
③ 它的输出量是某种物理量,这种物理量要便于传输、转换、处理、显示等;
④ 输出与输入有对应关系,且应有一定的精确程度。

2. 传感器的组成

传感器一般由敏感元件、转换元件、测量电路3部分组成,如图1-2所示。

(1) 敏感元件

敏感元件是直接感受被测量,并输出与被测量成确定关系的某一物理量的元件。

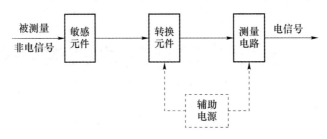

图 1-2 传感器的组成

(2) 转换元件

转换元件也叫传感元件,是将敏感元件输出的物理量转换成适于传输或测量的电信号的元件。有些传感器的敏感元件和转换元件合二为一,它感受被测量并直接输出点参量,如热电偶等;有些传感器,转换元件不止一个,要经过若干次转换。

(3) 测量电路

测量电路又称转换电路或信号调理电路,它的作用是将转换元件输出的电信号进行进一步的转换和处理,如放大、滤波、线性化、补偿等,以获得更好的品质特性,便于后续电路实现显示、记录、处理及控制等功能。测量电路的类型视传感器的工作原理和转换元件的类型而定,一般有电桥电路、阻抗变换电路、振荡电路等。

3. 传感器的分类

一种传感器可以检测多种参数,一种参数又可以用多种传感器测量。目前常用的分类方法有两种:一种是按被测量分类,如表 1-1 所列;另一种是按工作原理分类,如表 1-2 所列。

表 1-1 传感器按被测量分类

被测量分类	被测量
热电量	温度、热量、比热、压力、压差、真空度、流量、流速、风速
机器量	位移、尺寸、形状、力、力矩、应力、重量、质量、转速、线速度、振动幅度、频率、加速度、噪声
物性和成分量	气体化学成分、液体化学成分、酸碱度、盐度、浓度、黏度、密度、相对密度
状态量	颜色、透明度、磨损度、材料内部裂缝或缺陷、气体泄漏、表面质量

表 1-2 传感器按工作原理分类

序 号	工作原理	序 号	工作原理
1	电阻式	8	光电式
2	电感式	9	谐振式
3	电容式	10	霍尔式
4	阻抗式	11	超声波式
5	磁电式	12	同位素式
6	热点式	13	电学式
7	压电式	14	微波式

1.2　测量方法

测量是检测技术的重要组成部分，是以确定被测对象量值为目的的一系列操作。测量能够帮助人们获得客观事物定性的认识及定量的信息，寻找并发现客观事物发展的规律。在工业现场，测量更进一步的目的是利用测量所获得的信息来控制某一生产过程，通常这种控制作用是与检测系统紧密相关的。其按测量手段分为直接测量、间接测量和联立测量；按测量方式分为偏差式测量、零位式测量和微差式测量。

1.2.1　按测量手段分类

1. 直接测量

在使用仪表进行测量时，对仪表读数不需要经过任何运算，就能直接表示测量所需要的结果，称为直接测量。例如，用磁电式电流表测量电路的电流，用弹簧管式压力表测量锅炉的压力等就是直接测量。直接测量的优点是测量过程简单而迅速，缺点是测量精度不高。这种测量方法在工程上被广泛采用。

2. 间接测量

有的被测量不能或不便于直接测量，这就要求在使用仪表进行测量时，首先对与被测物理量有确定函数关系的几个量进行测量，然后将测量值代入函数关系式，经过计算得到所需的结果，这种方法称为间接测量。

对误差进行分析并选择和确定优化的测量方法，在比较理想的条件下进行间接测量，测量结果的精度不一定低，有时还可得到较高的测量精度。间接测量一般用于不方便直接测量或者缺乏直接测量手段的场合。

3. 联立测量

在应用仪表进行测量时，若被测物理量必须经过求解联立方程组才能得到最后结果，则称这样的测量为联立测量。在进行联立测量时，一般需要改变测量条件才能获得一组联立方程所需要的数据。联立测量是一种特殊的精密测量方法，操作方法复杂，花费时间较长，一般适用于科学实验或特殊场合。

1.2.2　按测量方式分类

1. 偏差式测量

用仪表指针的位移（即偏差）决定被测量的方法，称为偏差式测量法。这种测量方法过程比较简单、迅速，但精度低，广泛用于工程测量中。

2. 零位式测量

用指零仪表的零位指示检测测量系统的平衡状态，在测量系统平衡时，用已知的标准量决定被测量的量值的测量方法，称为零位式测量法。当应用这种测量方法进行测量时，已知标准量直接与被测量相比较，且已知量应连续可调，当指零仪表指零时，被测量与已知标准量相等。例如，天平、电位差计等。零位式测量的优点是可以获得比较高的测量精度，但测量过程比较复杂，测量时要进行平衡操作，耗时较长，不适用于测量快速变化的信号。

3. 微差式测量

微差式测量是综合了偏差式测量法和零位式测量法的优点而提出的测量方法,它是将被测的未知量与已知的标准量进行比较并取得差值后,用偏差法测得此值。微差式测量的优点是反应快、精度高,适用于在线控制参数的检测。

1.3　测量误差

测量的目的是希望通过测量获取被测量的真实值。但在实际测量过程中,由于种种原因,例如,传感器本身性能不理想、测量方法不完善、受外界干扰影响及人为的疏忽等,都会造成被测参数的测量值与真实值不一致,两者不一致程度就用测量误差表示。

随着科学技术的发展,人们对测量精度的要求越来越高,可以说,测量工作的价值就取决于测量的精度。当测量误差超过一定限度时,测量工作和测量结果就失去了意义,甚至会给工作带来危害。因此,对测量误差的分析和控制就成为衡量测量技术水平乃至科学技术水平的一个重要方面。但是,由于误差存在的必然性和普遍性,人们只能将误差控制在尽可能小的范围内,而不能完全消除它。

另外,测量的可靠性也至关重要,不同场合、不同系统对测量结果可靠性的要求也不同。例如,当测量值用作控制信号时,要注意测量的稳定性与可靠性。因此,测量的精度及可靠性等性能指标一定要与具体测量的目的和要求相联系、相适应。

1.3.1　误差的基本概念及表达方式

1. 误差的基本概念

误差就是测量值与真实值之间的差值,它反映了测量的精度。

误差存在于一切测量中,误差定义为测量结果与真实值的差别。

2. 误差的表达方式

误差的表达方式有多种,其含义及实际应用各不相同,如绝对误差、相对误差和引用误差等。

(1) 绝对误差

绝对误差表示测量值与被测量真实值(真值)之间的差值,即

$$\Delta x = x - L \qquad (1-1)$$

式中：Δx——测量误差；

x——测量结果；

L——被测量的真实值。

(2) 相对误差

相对误差是指绝对误差与被测量的比值,通常用百分数表示,即

$$\delta = \frac{\Delta x}{L_0} \times 100\% \approx \frac{\Delta x}{x} \times 100\% \qquad (1-2)$$

绝对误差一般不能作为测量精度的尺度,因此,在很多场合常用相对误差来代替绝对误差表示测量结果,这样可以比较客观地反映测量的准确性。

(3) 引用误差

引用误差用测量仪器的绝对误差除以仪器的满度值表示,即

$$\gamma_m = \frac{\Delta x}{A} \times 100\% \tag{1-3}$$

式中：Δx——测量仪器的绝对误差；

A——测量仪器的满度值。

引用误差实质上是一种相对误差，可用于评价某些测量仪器准确度的高低。国际上将电测仪表的精度等级指数分为 7 级：0.1，0.2，0.5，1.0，1.5，2.5，5.0。工业自动化仪表的精度等级一般在 0.2～4.0 级之间。选用仪表时，一般最好使其工作在不小于满刻度值 2/3 的区域。

1.3.2 误差的来源

根据测量数据中的误差所呈现的规律，将误差分为 3 种，即系统误差、随机误差和粗大误差。

1. 系统误差

在一定的条件下，对同一被测量进行多次重复测量，如果误差按照一定的规律变化，则把这种误差称为系统误差。这里所谓的变化规律，是指该误差可能是定值（常量），或累进性变化（逐渐增大或逐渐减小）或周期性变化等。

系统误差决定了测量的准确度，系统误差越小，测量结果越准确，故系统误差说明了测量结果偏离被测量真值的程度。由于系统误差是有规律的，因此可以通过实验或引入修正值的方法一次修正予以消除。

2. 随机误差

由于大量偶然因素的影响而引起的测量误差称为随机误差。对同一被测量进行多次重复测量时，随机误差的绝对值和符号将不可预知地随机变化，但总体上服从一定的统计规律。引起随机误差的原因很多，且大多难以控制，所以对于随机误差不能用简单的修正值法来修正，只能通过概率和数理统计的方法来估计它出现的可能性。

随机误差决定了测量的精密度。随机误差越小，测量结果的精密度越高。如果一个测量数据的准确度和精密度都很高，就称此测量的精确度很高，其测量误差也一定是很小的。为加深对精密度、准确度和精确度的理解，下面用打靶的例子来说明。打靶结果如图 1-3 所示。子弹落在靶心周围有 3 种情况：图 1-3(a) 的弹着点很分散，表明它的精密度很低；图 1-3(b) 的弹着点集中但偏向一方，表明精密度高但准确度低；图 1-3(c) 的弹着点集中靶心，表明既精密又准确，即精确度高。

(a) 弹着点很分散　　(b) 弹着点集中但偏向一方　　(c) 弹着点集中靶心

图 1-3　打靶结果模拟

3. 粗大误差

在一定测量条件下，测量值明显偏离实际真实值所形成的误差称为粗大误差。确认含有粗大误差的测量值称为坏值。对于粗大误差,首先应设法判断是否存在,然后将坏值剔除,因为坏值不能反映被测量的真实结果。

1.3.3 测量误差的估计和校正

由工程测量实践可知,测量数据中含有系统误差和随机误差,有时还会含有粗大误差。由于这3种误差的性质不同,所以对测量结果的影响及处理方法也不同。在测量中,对测量数据进行分析时,首先判断测量数据中是否含有粗大误差,如果有,则必须加以剔除。再看数据中是否存在系统误差,对系统误差可设法消除或加以修正。对排除了系统误差和粗大误差的测量数据,则利用随机误差性质进行处理。总之,对于不同情况的测量数据,首先要加以分析研究,判断情况,分别处理,再综合整理以得出合乎科学性的结果。

1. 随机误差的影响及统计处理

在测量中,当系统误差已设法消除或减小到可以忽略的程度时,如果测量数据仍有不稳定的现象,则说明存在随机误差。对于随机误差,可以采用概率数理统计的方法来研究其规律、处理测量数据。随机误差处理的任务就是从随机数据中求出最接近真值的值(或称最佳估计值),对数据精密度的高低(或称可信程度)进行评定并给出测量结果。

2. 系统误差的发现

发现系统误差一般比较困难,发现系统误差的常用方法有以下几种:

(1) 实验对比法

实验对比法是通过改变产生系统误差的条件,进行不同条件的测量,来发现系统误差的。此种方法适用于发现固定的系统误差。例如,一台测量仪表本身存在固定的系统误差,即使进行多次测量也不能发现,只有用更高一级精度的测量仪表测量时,才能发现这台测量仪表的系统误差。

(2) 残余误差观察法

残余误差观察法是根据测量值的残余误差的大小和符号的变化规律,直接由误差数据或误差曲线来判断有无系统误差。这种方法主要适用于发现有规律变化的系统误差。把残余误差按照测量值的先后顺序作图,如图1-4所示。图1-4(a)中残余误差大体上是正负相同,且无明显的变化规律,没有依据说明其存在系统误差;图1-4(b)中残余误差有规律地递增(或递减),表明存在线性变化的系统误差;图1-4(c)中残余误差大小和符号大体呈周期性变化,可以认为有周期性系统误差;图1-4(d)中残余误差变化规律较复杂,怀疑同时存在线性系统误差和周期性系统误差。

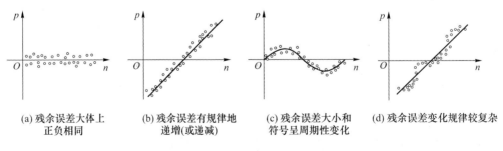

图 1-4 系统误差曲线

(3) 理论计算法

可通过现有的相关准则进行理论计算，也可检验测量数据中是否含有系统误差。不过这些准则都有一定的适用范围。常见准则有：

① 马利科夫准则。马利科夫准则适用于判别测量数据中是否存在累进性系统误差。

② 阿卑-赫梅特（Abbe-Helmert）准则。阿卑-赫梅特准则适用于判别测量数据中是否存在周期性系统误差。

3. 系统误差的校正

系统误差的校正有以下 4 种方法：

① 补偿法；

② 差动法；

③ 比值补偿法；

④ 测量数据的修正。

1.3.4 测量结果的数学处理

大量的实验数据最终必然要以人们易于接受的方式表述出来。常用的表述方法有表格法、图解法和解析法 3 种，这些表述方法的基本要求如下：

① 确切地将被测量的变化规律反映出来。

② 便于分析和应用。对于同一组实验数据，应根据处理需要选用合适的表达方法，有时采用一种方法，有时要多种方法并用。

③ 当数据处理结果以数字形式表达时，要有正确合理的有效位数。

1. 表格法

表格法是把被测量数据精选、定值，按一定的规律归纳整理后列于一个或几个表格中。该方法比较简单、有效，数据具体，形式紧凑，便于对比。常用的是函数式表格，一般以自变量测量值增加或减少为顺序。该表格能同时表示几个变量的变化而不混乱。一个完整的函数式表格应包括表的序号、名称、项目、测量数据和函数推算值，有时还应加一些说明。

列表时应注意以下几个问题：

① 数据的写法要整齐规范，数值为零时要记"0"，不可遗漏；实验数据空缺时应记为"—"。

② 表达力求统一、简明。同一列的数值、小数点应上下对齐。当数值过大或过小时，应以 10 的 n 次方来表示，n 为正负整数。

③ 根据测量精度的要求，表格中所有数据有效数字的位数应取舍适当。

2. 图解法

图解法是把互相关联的实验数据按照自变量和因变量的关系在适当的坐标系中绘制成几何图形，用以表示被测量的变化规律和相关变量之间的关系。该方法的最大优点是直观性强，在未知变量之间解析关系的情况下，易于看出数据的变化规律和数据中的极值点、转折点、周期性和变化率等。

曲线描绘时应注意以下几点：

① 合理布图。常采用直角坐标系，一般从零开始，但也可以用稍低于最小值的某一整数为起点，用稍高于最大值的某一整数为终点，使所作图能占满直角坐标系的大部分为宜。

② 正确选择坐标分度。坐标分度粗细应与实验数据的精度相适宜，即坐标的最小分度以

不超过数据的实测精度为宜。过细或过粗都是不恰当的,分度过粗,将影响图形的读数精度;分度过细,则图形不能明显表现甚至会严重歪曲测试过程的规律性。

③ 灵活采用特殊坐标形式。有时根据自变量和因变量的关系,为了使图形尽量成为一条直线或要求更清楚地显示曲线某一区段的特性时,可采用均匀分度或将变量加以变换。如描述幅频的伯德(Bode)图,横坐标可用对数,纵坐标可用分贝数。

④ 正确绘制图形。当数据的数量过少且变量间的对应关系不确定时,可将各点用直线连接成折线图形,或化成离散谱线。

3. 解析法

通过实验获得一系列数据。这些数据不仅可用图表法表示出函数之间的关系,而且可用与图形相对应的数学公式来描述函数之间的关系,从而进一步用数学分析的方法来研究这些变量之间的关系。该数学表达式称为经验公式,又称回归方程。建立回归方程常用的方法为回归分析。变量个数及变量之间的关系不同,所建立的回归方程也不同。本书不做详细说明。

1.4 传感器的基本特性

如果测量时测试装置的输入、输出信号不随时间变化,则称为静态特性。静态测量时,测量装置表现出的响应特性称为静态响应特性。如果测量时测试装置的输入、输出信号随时间变化,则称为动态特性。动态测量时,测量装置表现出的响应特性称为动态响应特性。

1.4.1 传感器的静态特性

理想线性装置的标定曲线应该是直线,但由于各种原因,实际测试装置的标定曲线并非如此。因此,一般还要求出标定曲线的拟合直线。可选用的拟合直线有多种,如图 1-5 所示,常用的有以下几种:

① 理想线性特性。这时传感器的线性最好,如图 1-5(a)所示,也是我们最希望传感器所具有的特性。

② 仅有偶次非线性项。由于不具有对称性,故其线性范围较窄,线性度较差,如图 1-5(b)所示,一般传感器设计很少采用这种特性。

③ 仅有奇次非线性项。此传感器特性相对于坐标原点对称,其线性范围较宽,线性度较好,如图 1-5(c)所示,是比较接近于理想直线的非线性特性。

④ 普遍情况的输入-输出特性,如图 1-5(d)所示。

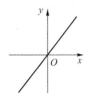
(a) 理想线性特性

(b) 仅有偶次非线性项

(c) 仅有奇次非线性项
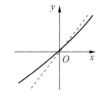
(d) 普遍情况的输入-输出特性

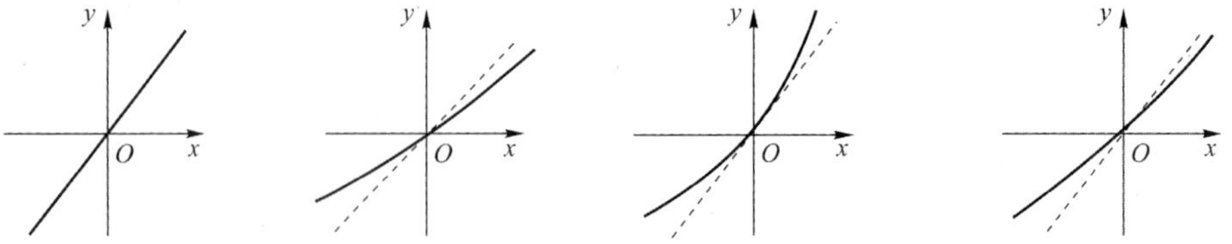

图 1-5 直线拟合法

1. 精　度

传感器的精度是指测量结果的可靠程度,是测量中各类误差的综合反映,测量误差越小,传感器的精度越高。传感器的精度用其量程范围内的最大基本误差与满量程输出之比的百分数表示,用精密度、准确度和精确度3个指标来描述。

① 精密度。精密度是随机误差大小的标志。精密度高,意味着随机误差小。

② 准确度。准确度说明传感器输出值与真值的偏离程度。准确度是系统误差大小的标志,准确度高意味着系统误差小。但是,准确度高不一定精密度高。

③ 精确度。精确度是精密度和准确度两者的总和。精确度高,表示精密度和准确度都比较高。

2. 稳定性

稳定性表示传感器在一个较长的时间内保持其性能参数的能力。理想的情况是,不论什么时候,传感器的特性参数都不随时间变化。但实际上,随着时间的推移,大多数传感器的特性都会发生改变。这是因为敏感元件或构成传感器的部件,其特性会随时间发生变化,从而影响传感器的稳定性。

稳定性一般用室温条件下经过一规定时间间隔后,传感器的输出与起始标定时的输出之间的差异来表示,称为稳定性误差。稳定性误差可用相对误差来表示,也可用绝对误差来表示。

3. 线性度

传感器的静态输入-输出特性是指输入的被测参数不随时间变化或随时间变化很缓慢时,传感器的输出量与输入量的关系。

实际曲线与其两端点连线之间的偏差称为传感器的非线性误差。取其最大偏差与理论满量程之比的百分数作为评价线性度的指标,即

$$\delta_L = \pm \frac{\Delta_{\max}}{y_{FS}} \times 100\% \tag{1-4}$$

4. 灵敏度

灵敏度表示传感器的输入增量 Δx 与由它引起的输出增量 Δy 之间的函数关系,即灵敏度 S 等于传感器输出增量与被测增量之比,它是传感器在稳态输出-输入特性曲线上各点的斜率,公式为

$$S = \frac{dy}{dx} = \frac{df(x)}{dx} = f'(x) \tag{1-5}$$

灵敏度表示单位被测量的变化所引起传感器输出值的变化量。S 值越高表示传感器越灵敏。灵敏度的3种情况如图1-6所示。

从灵敏度的定义可知,灵敏度是刻度特性的导数,因此它是一个有单位的量。

5. 灵敏度域与分辨力

灵敏度域是指传感器最小所能够区别的读数变化量。分辨力是指数字式仪表指示数字值的最后一位数字所代表的值,当被测量的变化量小于分辨力时,仪表的最后一位数不变,仍指示原值。

灵敏度域和分辨力都是有单位的量,它们的单位与被测量的单位相同。对于一般传感器的要求是,灵敏度应该高,而灵敏度域应该小。但也不是灵敏度域越小越好,因为灵敏度域越

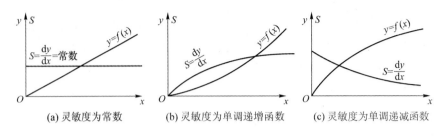

图 1-6 灵敏度的变化情况

小,干扰的影响就越显著,这就给测量的平衡过程造成困难,而且费时、费钱。因此,选择的灵敏度域只要小于允许测量绝对误差的三分之一即可。灵敏度是广义的增益,而灵敏度域则是死区或不灵敏区。

6. 迟滞现象

迟滞误差又叫回程误差,用绝对误差表示。传感器在正反行程中输出-输入特性曲线不重合程度称为迟滞。迟滞特性表明传感器在正(输入量增大)反(输入量减小)行程中输出与输入曲线不重合的程度,如图 1-7 所示。迟滞大小一般由实验方法测得。迟滞误差以正、反向输出量的最大偏差与满量程输出之比的百分数表示,即

$$\delta_H = \pm \frac{1}{2} \times \frac{\Delta H_{\max}}{2y_{\text{FS}}} \times 100\% \tag{1-6}$$

7. 重复性

重复性是指传感器的输入在按同一方向变化时,且在全量程内连续进行重复测试时,所得到的各特性曲线的重复程度,各条特性曲线越靠近,说明重复性越好。

图 1-8 所示为输出特性曲线的重复特性,正行程的最大重复性偏差为 $\Delta R_{\max 1}$,反行程的最大重复性偏差为 $\Delta R_{\max 2}$,重复性偏差取这两个最大偏差中的较大者为 $\Delta R_{\max}$,再以满量程输出的百分数表示,即

$$\delta_R = \pm \frac{\Delta R_{\max}}{y_{\text{FS}}} \times 100\% \tag{1-7}$$

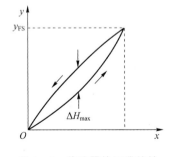

图 1-7 传感器的迟滞特性

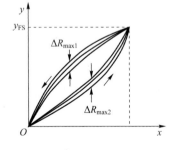

图 1-8 重复性

8. 静态响应的其他描述

描述测试装置的静态响应特性还有其他一些术语,现分析如下:

① 精度。精度是与评价测试装置的测量误差大小有关的指标。

② 灵敏阈。灵敏阈又称为死区,用来衡量测量最起始点不灵敏的程度。

③ 分辨力。分辨力是指能引起输出量发生变化时输入的最小变化量,表明测试装置分辨输入量微小变化的能力。

④ 测量范围。测量范围是指测试装置能正常测量最小输入量和最大输入量之间的范围。

⑤ 稳定性。稳定性是指在一定工作条件下,当输入量不变时,输出量随时间变化的程度。

⑥ 可靠性。可靠性是对测试装置无故障工作时间长短的一种描述。

1.4.2 传感器的动态特性

动态特性是指检测系统的输入为随时间变化的信号时,系统的输出与输入之间的关系。动态特性的主要性能指标有时域单位阶跃响应和频域频率特性。

传感器的输入信号是随时间变化的动态信号,这时就要求传感器能够时刻精确地跟踪输入信号,按照输入信号的变化规律输出信号。当传感器输入信号的变化缓慢时是容易跟踪的,但随着输入信号的变化加快,传感器的随动跟踪性能会逐渐下降。当输入信号随时间变化时,输出信号也随时间变化,这个过程称为响应。动态特性就是指传感器对于随时间变化的输入信号的响应特性,通常要求传感器不仅能精确地显示被测量的大小,而且还能复现被测量随时间变化的规律,这也是传感器的重要特性之一。

传感器的动态特性与其输入信号的变化形式密切相关。在研究传感器动态特性时,通常是根据不同输入信号的变化规律来考察传感器响应的。实际传感器输入信号随时间变化的形式可能是多种多样的,最常见、最典型的输入信号是阶跃信号和正弦信号。这两种信号在物理上较容易实现,而且也便于求解。

对于阶跃输入信号,传感器的响应称为阶跃响应或瞬态响应。它是指传感器在瞬变的非周期信号作用下的响应特性。这对传感器来说是一种最严峻的状态,如果传感器能复现这种信号,那么就能很容易地复现其他种类的输入信号,其动态性能指标也必定会令人满意。

对于正弦输入信号,传感器的响应称为频率响应或稳态响应。它是指传感器在振幅稳定不变的正弦信号作用下的响应特性。稳态响应的重要性在于,工程上所遇到的各种非电信号的变化曲线都可以展开成傅里叶(Fourier)级数或进行傅里叶变换,即可以用一系列正弦曲线的叠加来表示原曲线。因此,当已知传感器对正弦信号的响应特性后,就可以判断它对各种复杂变化曲线的响应了。

为便于分析传感器的动态特性,必须建立动态数学模型。建立动态数学模型的方法有多种,如微分方程、传递函数、频率响应函数、差分方程、状态方程、脉冲响应函数等。建立微分方程是对传感器的动态特性进行数学描述的基本方法。在忽略了一些影响不大的非线性和随机变化的复杂因素后,可将传感器作为线性定常系统来考虑,因而其动态数学模型可用线性常系数微分方程来表示。能用一、二阶线性微分方程来描述的传感器分别称为一、二阶传感器。虽然传感器的种类和形式很多,但它们一般都可以简化为一阶或二阶传感器(高阶可以分解成若干个低阶),因此一阶和二阶传感器是最基本的。

1.5 传感器的发展方向与应用

1.5.1 微型化(micro)

为了能够与信息时代信息量激增、要求捕获和处理信息的能力日益增强的技术发展趋势保持一致,对于传感器性能指标的要求越来越严格;与此同时,传感器系统的操作友好性亦被提上了议事日程,因此还要求传感器必须配有标准的输出模式。而传统的体积大、功能弱的传感器往往很难满足上述要求,所以它们已逐渐被各种不同类型的高性能微型传感器所取代;后者主要由硅材料构成,具有体积小、质量轻、反应快、灵敏度高以及成本低等优点。

1. 由计算机辅助设计(CAD)技术和微机电系统(MEMS)技术引发的传感器微型化

目前,几乎所有的传感器都在由传统的结构化生产设计向基于计算机辅助设计的模拟式工程化设计转变,从而使设计者们能够在较短的时间内设计出低成本、高性能的新型系统。这种设计手段的巨大转变在很大程度上推动着传感器系统以更快的速度向着能够满足科技发展需求的微型化的方向发展。对于微机电系统的研究工作始于20世纪60年代,其研究范畴涉及材料科学、机械控制、加工与封装工艺、电子技术以及传感器和执行器等多种学科,是一个极具前景的新兴研究领域。在当前技术水平下,微切削加工技术已经可以生产出具有不同层次的3D微型结构,从而可以生产出体积非常微小的微型传感器敏感元件,像毒气传感器、离子传感器、光电探测器这样的以硅为主要构成材料的传感/探测器都装有灵敏度极高的敏感元件。

2. 微型传感器应用现状

就当前技术发展现状来看,微型传感器已经对众多应用领域,如航空、远距离探测、医疗及工业自动化等的信号探测系统产生了深远影响;目前开发并进入实用阶段的微型传感器已可以用来测量各种物理量、化学量和生物量,如位移、速度/加速度、压力、应力、应变、声、光、电、磁、热、pH值、离子浓度及生物分子浓度等。

1.5.2 智能化(smart)

智能化传感器(smart sensor)是20世纪80年代末出现的另外一种涉及多种学科的新型传感器系统。此类传感器系统一经问世即刻受到科研界的普遍重视,尤其在探测器应用领域,如分布式实时探测、网络探测和多信号探测方面一直颇受欢迎,产生的影响较大。

1. 智能化传感器的特点

智能化传感器是指那些装有微处理器的,不但能够执行信息处理和信息存储,而且还能进行逻辑思考和结论判断的传感器系统。这一类传感器就相当于是微型机与传感器的综合体一样,其主要组成部分包括主传感器、辅助传感器及微型机的硬件设备。例如智能化压力传感器,主传感器为压力传感器,用来探测压力参数,辅助传感器通常为温度传感器和环境压力传感器。其中,温度传感器可以方便地调节和校正由于温度变化而导致的测量误差;环境压力传感器能够测量工作环境的压力变化并对测定结果进行校正。硬件系统除了能够对传感器的弱输出信号进行放大、处理和存储外,还执行与计算机之间的通信联络。

2. 智能化传感器的发展与应用现状

目前,智能化传感器技术正处于蓬勃发展阶段,具有代表意义的典型产品是美国霍尼韦尔公司的 ST-3000 系列智能变送器和德国斯特曼公司的二维加速度传感器,以及另外一些含有微处理器的单片集成压力传感器、具有多维检测能力的智能传感器和固体图像传感器等。与此同时,基于模糊理论的新型智能传感器以及神经网络技术在智能化传感器系统的研究和发展中的重要作用也日益受到了相关研究人员的极大重视。智能化传感器多用于压力、力、振动冲击加速度、流量、温湿度的测量。另外,智能化传感器在空间技术研究领域亦有比较成功的应用实例。

1.5.3 无线网络化(wireless networked)

无线网络对我们来说并不陌生,比如手机、无线上网、电视机等。传感器对我们来说也不陌生,比如温度传感器、压力传感器,还有比较新颖的气味传感器。但是,把二者结合起来提出无线传感器网络(wireless sensor network)这个概念,却是近几年才发生的事情。这个网络的主要组成部分就是一个个可爱的传感器节点。说它们可爱,是因为它们的体积都非常小巧。这些节点可以感受温度的高低、湿度的变化、压力的增减、噪声的升降。更让人感兴趣的是,每一个节点都是一个可以进行快速运算的微型计算机,它们将传感器收集到的信息转化成数字信号进行编码,然后通过节点与节点之间自行建立的无线网络发送给具有更强处理能力的服务器。

1. 无线传感器网络

无线传感器网络是当前国际上备受关注的、由多学科高度交叉的新兴前沿研究热点领域。无线传感器网络综合了传感器技术、嵌入式计算技术、现代网络及无线通信技术、分布式信息处理技术等,能够通过各类集成化的微型传感器协作实时监测、感知和采集各种环境或监测对象的信息。无线传感器网络的研究采用系统发展模式,因而必须将现代的先进微电子技术、微细加工技术、系统 SOC 芯片设计技术、纳米材料与技术、现代信息通信技术、计算机网络技术等融合,以实现其微型化、集成化、多功能化及系统化、网络化,特别是实现无线传感器网络特有的超低功耗系统设计。

2. 无线传感器网络的应用研究

无线传感器网络有着巨大的应用前景,其被认为是将对 21 世纪产生巨大影响力的技术之一。已有和潜在的传感器应用领域包括:军事侦察、环境监测、医疗、建筑物监测等。随着传感器技术、无线通信技术、计算技术的不断发展和完善,各种无线传感器网络将遍布我们的生活环境,从而真正实现"无处不在的计算"。以下简要介绍无线传感器网络的一些应用。

(1) 军事应用

无线传感器网络研究最早起源于军事领域,实验系统有海洋声呐监测的大规模无线传感器网络,也有监测地面物体的小型无线传感器网络。在现代无线传感器网络应用中,通过飞机撒播、特种炮弹发射等手段,可以将大量便宜的传感器密集地撒布于人员不便于到达的观察区域,如敌方阵地,收集到有用的微观数据;在一部分传感器因遭破坏等原因失效时,无线传感器网络作为整个传感器网络体仍能完成观察任务。

(2) 环境应用

应用于环境监测的无线传感器网络,一般具有部署简单、便宜、长期不需更换电池、无需派人现场维护的优点。通过密集的节点布置,可以观察到微观的环境因素,为环境研究和环境监测提供了崭新的途径。无线传感器网络研究在环境监测领域已经有很多的实例,这些实例包括:对海岛鸟类生活规律的观测,对气象现象的观测和天气预报,森林火警,生物群落的微观观测等。

(3) 家庭应用

各种无线传感器网络可以灵活方便地布置于建筑物内,获取室内环境参数,从而为居室环境控制和危险报警提供依据。

项目二　温度检测

温度是一个很重要的物理量,自然界中的任何物理、化学过程都紧密地与温度联系在一起。在国民经济各部门中,如电力、化工、机械、冶金、农业、医学等领域以及人们的日常生活中,温度检测与控制是十分重要的。在国防现代化及科学技术现代化中,温度的精确检测及控制更是必不可少的。

温度是表征物体或系统冷热程度的物理量。温度单位是国际单位制中 7 个基本单位之一。从能量角度来看,温度是描述系统不同自由度间能量分配状况的物理量;从热平衡观点来看,温度是描述热平衡系统冷热程度的物理量;从分子物理学角度来看,温度反映了系统内部分子无规则运动的剧烈程度。

检测温度的传感器与敏感元件很多,本项目在简单介绍温标及测温方法的基础上,重点介绍膨胀式温度计、热电阻传感器、热电偶传感器、辐射式温度传感器等测温原理及方法,并以高精度 K 型热电偶数字温度仪表和红外热辐射温度仪表为例简述测温系统的构成。

2.1　温标及测温方法

2.1.1　温　标

为了保证温度量值的统一,必须建立一个用来衡量温度高低的标准尺度,这个标准尺度称为温标。温度的高低必须用数字来说明,温标就是温度的一种数值表示方法,并给出了温度数值化的一套规则和方法,同时明确了温度的测量单位。人们一般借助于随温度变化而变化的物理量(如体积、压力、电阻、热电势等)来定义温度数值、建立温标和制造各种各样的温度检测仪表。下面对常用温标作一简介。

1. 经验温标

借助于某一种物质的物理量与温度变化的关系,用实验的方法或经验公式所确定的温标称为经验温标。常用的有摄氏温标、华氏温标和列氏温标。

(1) 摄氏温标

摄氏温标是把在标准大气压下水的冰点定为零摄氏度,把水的沸点定为 100 摄氏度的一种温标。在零摄氏度到 100 摄氏度之间平均分为 100 份,每一份为 1 摄氏度,单位符号为℃。

(2) 华氏温标

华氏温标是以当地的最低温度为零华氏度(起点),人体温度为 100 华氏度,中间平均分为 100 份,每一份为 1 华氏度。后来,人们规定在标准大气压下纯水的冰点为 32 华氏度,水的沸点为 212 华氏度,中间平均分为 180 份,每一份为 1 华氏度,单位符号为℉。

(3) 列氏温标

列氏温标规定在标准大气压下纯水的冰点为零列氏度,水沸点为 80 列氏度,中间平均分为 80 等份,每一份为 1 列氏度,单位符号为°R。

摄氏温度、华氏温度和列氏温度之间的换算关系为

$$C = \frac{5}{9}(F-32) = \frac{5}{4}R \tag{2-1}$$

式中：C——摄氏温度值；

　　　F——华氏温度值；

　　　R——列氏温度值。

摄氏温标和华氏温标都是用水银作为温度计的测温介质，而列氏温标则是用水和酒精的混合物来作为测温物质，但它们都是依据液体受热膨胀的原理来建立温标和制造温度计的。由于不同物质的性质不同，所以它们受热膨胀的情况也不同，故上述3种温标难以统一。

2. 热力学温标

1848年威廉·汤姆首先提出以热力学第二定律为基础，建立温度仪与热量有关而与物质无关的热力学温标。因为是开尔文总结出来的，故又称为开尔文温标（简称开氏温标）。由于热力学中的卡诺热机是一种理想的机器，实际上能够实现卡诺循环的可逆热机是不存在的。所以说，热力学温标是一种理想温标，是不可能实现的温标。

3. 国际实用温标

为了解决国际上温度标准的统一及实用问题，国际上协商决定，建立一种既能体现热力学温度（即能保证一定的准确度），又使用方便、容易实现的温标。这就是国际实用温标，又称国际温标。

1968年国际实用温标规定热力学温度是基本温度，用符号 T 表示，其单位为开尔文，符号为 K。1 K 定义为水的三相点的 1/273.16。水的三相点是指化学纯水在固态、液态及气态3项平衡时的温度，热力学温标规定三相点温度为 273.16 K。

另外，可使用摄氏度，用符号 t 表示：

$$t = T - T_0$$

这里摄氏温度的分度值与开氏温度的分度值相同，即温度间隔 1 K 等于 1 ℃。T_0 是在标准大气压下冰的融化温度，$T_0 = 273.15$ K，即水的三相点的温度比冰点高出 0.01 K。由于水的三相点温度易于复现，且复现精度高、保存方便，这是冰点所不能比拟的，所以国际实用温度规定，建立温标的唯一基准点为水的三相点。

2.1.2 温度检测的主要方法及分类

温度检测方法一般可以分为两大类，即接触测量法和非接触测量法。接触测量法是测温敏感元件直接与被测介质接触，使被测介质与测温敏感元件进行充分热交换，使两者具有同一温度，达到测量的目的。非接触测量法是利用物质的热辐射原理，测温敏感元件不与被测介质接触，而是通过辐射和对流实现热交换，达到测量的目的。各种检测方法都有自己的特点和测温范围，后文会做具体介绍。

2.1.3 常见传感器与工作原理

1. 热电偶

热电偶（thermocouple）是温度测量仪中常用的测温元件，它直接测量温度，并把温度信号转换成热电动势信号，通过电气仪表（二次仪表）转换成被测介质的温度。各种热电偶的外形

常因需要而各不相同,但是它们的基本结构却大致相同,通常由热电极、绝缘套保护管和接线盒等主要部分组成,一般和显示仪表、记录仪表及电子调节器配套使用。一种典型的热电偶产品外观如图 2-1 所示。

2. 热敏电阻

热敏电阻是敏感元件的一种,按照温度系数不同分为正温度系数热敏电阻(PTC)和负温度系数热敏电阻(NTC)。热敏电阻的典型特点是对温度敏感,不同的温度下表现出不同的电阻值。对于正温度系数热敏电阻(PTC),温度越高时电阻值越大;对于负温度系数热敏电阻(NTC),温度越高时电阻值越小,它们同属于半导体器件。一种典型的热敏电阻产品外观如图 2-2 所示。

图 2-1 一种典型的热电偶

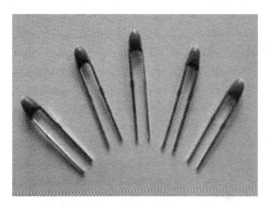

图 2-2 一种典型的热敏电阻

3. IC 温度传感器

温度 IC 是温度传感的一种概念。温度是一个基本的物理量,自然界中的一切过程无不与温度密切相关。温度传感器是开发最早,应用最广的一类传感器,其市场份额大大超过了其他传感器。从 17 世纪初人们就开始利用温度进行测量。在半导体技术的支持下,20 世纪相继开发了半导体热电偶传感器、PN 结温度传感器和集成温度传感器。与之相应,根据波与物质的相互作用规律,相继开发了声学温度传感器、红外传感器和微波传感器。

2.2 膨胀式温度计

膨胀式温度计是利用液体、气体或固体热胀冷缩的性质,即测温敏感元件在受热后尺寸或体积会发生变化,根据尺寸或体积的变化值得到温度的变化值。膨胀式温度计分为液体膨胀式温度计、固体膨胀式温度计和气体膨胀式温度计三大类。这里以固体膨胀式温度计中的双金属温度计和压力式温度计为例进行介绍。

2.2.1 双金属温度计

双金属温度计敏感元件如图 2-3 所示,它们由两种热膨胀系数 α 不同的金属片组合而成,例如一片用黄铜,$\alpha = 22.8 \times 10^{-6}\ ℃^{-1}$,另一片用镍铜,$\alpha = 1 \times 10^{-6} \sim 2 \times 10^{-6}\ ℃^{-1}$,将两片粘贴在一起,当温度从 t_0 变化到 t_1 时,由于 A、B 两者热膨胀不一致而发生弯曲,即双金属片

由 t_0 时的初始位置 AB 变化到 t_1 时的相应位置 $A'B'$,最后导致自由端产生一定的角位移,角位移的大小与温度成一定的函数关系,通过标定刻度即可测量温度。双金属温度计一般应用在 $-80 \sim 600\ ℃$ 范围内,最好的情况下精度可达 $0.5 \sim 1.0$ 级,常被用作恒定温度的控制元件。比如一般用途的恒温箱、加热炉等就是采用双金属片来控制和调节"恒温"的,如图 2-4 所示。

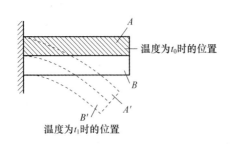 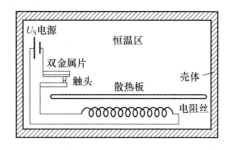

图 2-3 双金属温度计敏感元件　　　　图 2-4 双金属控制恒温箱示意图

双金属温度计的优点是:抗震性能好,结构简单,牢固可靠,读数方便;缺点是:精度不高,测量范围也不大。

2.2.2 压力式温度计

压力式温度计不是靠物质受热膨胀后的体积变化或尺寸变化来反映温度的,而是靠在密闭容器中液体或气体受热后压力的升高来反映被测温度的,因此这种温度计的指示仪表实际上就是普通的压力表。压力式温度计的主要特点是结构简单,强度较高,抗震性较好。

压力式温度计主要由温包、毛细管和压力敏感元件(如弹簧管、膜盒、波纹管等)组成,如图 2-5 所示。温包、毛细管和弹簧管三者的内腔共同构成一个封闭容器,其中充满工作物质。温包直接与被测介质接触,把温度变化充分地传递给内部的工作物质。所以,温包的材料应远远小于其内部工作物质的膨胀,故材料的体膨胀系数要小;此外,还应有足够的机械强度,以便在较薄的容器壁上承受较大的内外压力差。通常用不锈钢或黄铜制造温包,黄铜只能用在非腐蚀介质里。当温包受热后,将使内部工作物质温度升高而压力增大,此压力经毛细管传到弹簧管内,使弹簧管变形,并由传动系统带动指针,指示相应的温度。

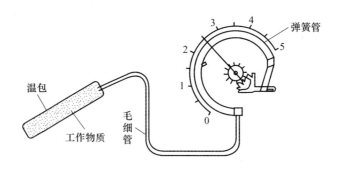

图 2-5 压力式温度计

目前生产的压力式温度计,根据充入密闭系统内工作物质的不同可分为充气体的压力式温度计和充蒸气的压力式温度计。

（1）充气体的压力式温度计

气体状态方程式 $pV=mRT$ 表明，对一定质量 m 的气体，如果它的体积 V 一定，则它的温度 T 与压力 p 成正比。因此，在密封容器内充以气体就构成了充气体的压力式温度计。工业上用的充气体的压力式温度计通常充氮气，它能测量的最高温度可达 500～550 ℃，在低温下则充氢气，它的测温下限可达 −120 ℃。在过高的温度下，温包中充填的气体会较多地透过金属壁而扩散，这样会使仪表读数偏低。

（2）充蒸气的压力式温度计

充蒸气的压力式温度计是根据沸点液体的饱和蒸气压只与气液分界面的温度有关这一原理制成的。其温包中充入约占 2/3 容积的低沸点液体，其余容积则充满液体的饱和蒸气。当温包温度变化时，蒸气的饱和蒸气压将发生相应变化，这一压力变化通过一插入温包底部的毛细管进行传递。在毛细管和弹簧管中充满上述液体，或充满不溶于温包中液体的、在常温下不蒸发的高沸点液体，称为辅助液体，以传递压力。温包中充入的低沸点液体常用的有氯甲烷、氯乙烷和丙酮。

充蒸气的压力式温度计的优点是温包的尺寸比较小、灵敏度高。其缺点是测量范围小、标尺刻度不均匀（向测量上限方向扩展），而且由于充入蒸气的原始压力与大气压力相差较小，故其测量精度易受大气压力的影响。

2.3 热电阻传感器

热电阻传感器是利用导体或半导体的电阻率随温度变化而变化的原理制成的，将温度变化转化为元件电阻的变化。热电阻传感器主要用于对温度和温度有关的参数进行检测，若按其制造材料来分，则有金属（铂、铜和镍）热电阻传感器和半导体热电阻（称为热敏电阻）传感器。下面分别对这两种热电阻传感器进行介绍。

2.3.1 金属热电阻传感器

1. 热电阻类型

金属热电阻主要有铂热电阻、铜热电阻和镍热电阻等，其中铂热电阻和铜热电阻最为常见。

（1）铂热电阻

铂易于提纯，复制性好，在氧化介质中，甚至高温下，其物理化学性质极其稳定，但在还原性介质中，特别是高温下，很容易被从氧化物中还原出来的蒸气所污染，使铂丝变脆，改变了其电阻与温度的关系。此外，铂是一种贵重金属，价格较贵，尽管如此，从对热电阻的要求来衡量，铂在极大程度上能满足要求，所以仍然是制造基准热电阻、标准热电阻和工业用热电阻的最好材料。至于它在还原性介质中不稳定的特点可用保护套管设法避免或减轻。铂热电阻温度计的使用范围是 −200～850 ℃，铂热电阻和温度的关系如下：

在 −200～0 ℃ 的范围内：

$$R_t = R_0[1 + At + Bt^2 + C(t-100\text{ ℃})t^3] \qquad (2-2)$$

在 0～850 ℃ 的范围内：

$$R_t = R_0(1 + At + Bt^2) \tag{2-3}$$

式中：R_t——温度为 t 时的阻值；

　　　R_0——温度为 0 ℃时的阻值；

　　　A——常数，为 $3.908\,02 \times 10^{-3}$ ℃$^{-1}$；

　　　B——常数，为 -5.802×10^{-7} ℃$^{-2}$；

　　　C——常数，为 $-4.273\,50 \times 10^{-12}$ ℃$^{-4}$。

（2）铜热电阻

铜热电阻的温度系数比铂热电阻的大，价格低，而且易于提纯，但存在着电阻率小、机械强度差等缺点。在测量精度要求不是很高，测量范围较小的情况下，经常采用。

铜热电阻在$-50 \sim 150$ ℃的使用范围内，铜热电阻的电阻值与温度的关系几乎是线性的，可表示为

$$R_t = R_0(1 + \alpha t) \tag{2-4}$$

式中：R_t——温度为 t 时的阻值；

　　　R_0——温度为 0 ℃时的阻值；

　　　α——铜热电阻的电阻温度系数，取值范围为 $4.25 \times 10^{-3} \sim 4.28 \times 10^{-3}$ ℃$^{-1}$。

2. 热电阻的结构

热电阻主要由电阻体、绝缘套管和接线盒等组成，其结构如图 2-6(a)所示；电阻体的主要组成部分为电阻丝、骨架和引出线等，如图 2-6(b)所示。

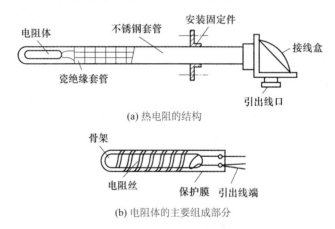

(a) 热电阻的结构

(b) 电阻体的主要组成部分

图 2-6　热电阻的结构和电阻体的主要组成部分

（1）电阻丝

由于铂的电阻率较大，而且相对机械强度较大，所以通常铂丝的直径在(0.03～0.07)mm±0.005 mm 之间。铂丝可单层绕制，若铂丝太细，则电阻体可做得小一些，但强度低；若铂丝较粗，则虽然强度大，但电阻体大了，热惯性也大，成本高。由于铜的机械强度较低，所以电阻丝的直径需较大，一般由直径为(0.1±0.005)mm 的漆包铜线或丝包线分层绕在骨架上，并涂上绝缘层而成。由于铜电阻的温度低，故可以重叠多层绕制。一般多用双绕法，即两根丝平行绕制，在末端把两个头焊接起来，这样工作电流从一根丝进入，从另一根丝反向出来，形成两个电流方向相反的线圈，其磁场方向相反，产生的电感就互相抵消，故又称无感绕法。这种双绕法也有利于引线的引出。

(2) 骨　架

热电阻丝是绕制在骨架上的,骨架是用来支持和固定热电阻丝的。骨架应使用电绝缘性能好、高温下机械强度高、体膨胀系数小、物理化学性能稳定、对热电阻丝无污染的材料制造,常用的是云母、石英、陶瓷、玻璃及塑料等。

(3) 引出线

引出线的直径应当比热电阻丝大几倍,尽量减小引出线的电阻,增加引出线的机械强度和连接的可靠性。对于工业用的铂热电阻一般采用 1 mm 的银丝作为引出线,对于标准的铂热电阻则可采用 0.3 mm 的铂丝作为引出线,对于铜热电阻则常用 0.5 mm 的铜丝作为引出线。

在骨架上绕制好热电阻丝,并焊好引线之后,在其外面加上云母片进行保护,再装入保护套管中,并和接线盒外部导线相连接,即得到热电阻传感器。

3. 热电阻传感器的测量电路

热电阻传感器的测量电路常用电桥电路,由于工业用热电阻安装在生产现场,离控制室较远,因此热电阻的引出线对测量结果有较大影响。为了减小或消除引出线电阻的影响,目前,热电阻 R_t 引出线的连接方式经常采用三线制和四线制,如图 2-7 所示。

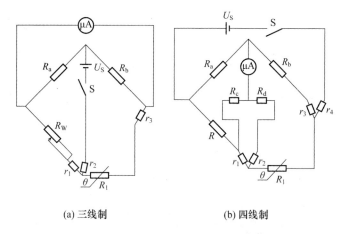

(a) 三线制　　(b) 四线制

图 2-7　热电阻传感器的测量电路

(1) 三线制

在电阻体的一端连接两根引出线,另一端连接一根引出线,此种引出线形式称为三线制。当热电阻和电桥配合使用时,这种引出线方式可以较好地消除引出线电阻的影响,提高测量精度。所以,工业热电阻多采用这种方法。

(2) 四线制

在电阻体的两端各连接两根引出线称为四线制,这种引出线方式不仅可以消除连接线电阻的影响,而且可以消除测量电路中寄生电势引起的误差。这种引出线的方式主要用于高精度温度测量。

2.3.2　半导体热电阻传感器

热敏电阻是利用半导体材料的电阻率随温度变化而变化的性质制成的。其常用的半导体材料有铁、镍、锰、钴、钼、钛、镁、铜等的氧化物或其他化合物,根据产品性能的不同,进行不同的配比烧结而成。

1. 热敏电阻的温度特性和伏安特性

热敏电阻的主要特性有温度特性和伏安特性。

(1) 温度特性

热敏电阻按其性能可分为负温度系数 NTC 型热敏电阻、正温度系数 PTC 型热敏电阻和临时温度 CTR 型热敏电阻 3 种。NTC 型、PTC 型、CTR 型 3 类热敏电阻的温度特性如图 2-8 所示,热敏电阻就是利用这种性质来测量温度的。由图 2-8 可以看出,用于测量的 NTC 型热敏电阻在较小的温度范围内,其电阻-温度特性关系为近似线性关系。

(2) 伏安特性

我们把静态情况下热敏电阻上的端电压与通过热敏电阻的电流之间的关系称为伏安特性,它是热敏电阻的重要特性,如图 2-9 所示。

由图 2-9 可见,热敏电阻只有在小电流范围内端电流和电压关系符合欧姆定律,当电流增加到一定数值时,元件由于温度升高阻值下降,电压反而下降。因此,要根据热敏电阻的允许功耗线来确定电流,在测温中电流不能选得太高。

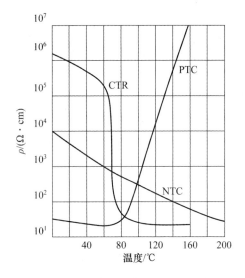

图 2-8 3 类热敏电阻的温度特性

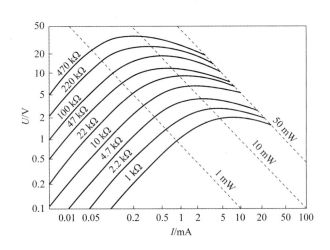

图 2-9 热敏电阻的伏安特性

2. 热敏电阻的主要参数

选用热敏电阻除要考虑其特性、结构形式、尺寸、工作温度以及一些特殊要求外,还要重点考虑热敏电阻的主要参数,它不仅是设计的主要依据,而且对热敏电阻的正确使用有很强的指导意义。

(1) 标称电阻值 Rh

标称电阻值 Rh 是指环境温度为 (25 ± 0.2)℃时测得的电阻值,又称冷电阻,单位为 Ω。

(2) 耗散系数 H

耗散系数 H 是指热敏电阻的温度变化与周围介质的温度相差 1 ℃时，热敏电阻所耗散的功率，单位为 W/℃。在工作范围内，当环境温度变化时，H 随之变化。此外，H 的大小还和电阻体的结构、形状及所处环境（如介质、密度、状态）有关，因为这些都会影响电阻体的热传导。

(3) 电阻温度系数 a

电阻温度系数 a 是指热敏电阻的温度变化 1 ℃时电阻值的变化率。通常指温标为 20 ℃时的电阻温度系数。

(4) 热容 C

热容 C 是指热敏电阻的温度变化 1 ℃时所需吸收或释放的热能，单位为 J/℃。

(5) 能量灵敏度 G

能量灵敏度 G 是指热敏电阻的阻值变化 1%时所需耗散的功率，单位为 W。其与耗散系数 H、电阻温度系数 a 之间的关系为

$$G = (H/a) \times 100$$

(6) 时间常数 τ

时间常数 τ 是指温度为 t_0 的热敏电阻，在忽略其通过电流所产生热量的作用下，突然置于温度为 t 的介质中，热敏电阻的温度增量达到 $\Delta t = 0.63(t-t_0)$ 时所需的时间。它与热容 C 和耗散系数 H 之间的关系为

$$\tau = C/H$$

(7) 额定功率 P

额定功率 P 是指热敏电阻在规定的条件下，长期连续负荷工作所允许的消耗功率。在此功率下，阻体自身温度不会超过其连续工作所允许的最高温度，单位为 W。

3. 热敏电阻的特点

热敏电阻同其他测温元件相比具有以下优点：

① 灵敏度高。半导体的电阻温度系数比金属大，一般是金属的十几倍，因此可大大降低对仪器、仪表的要求。

② 体积小、热惯性小、结构简单，可根据不同要求制成各种形状。

③ 化学稳定性好，机械性能好，价格低廉，寿命长。

热敏电阻的缺点是：复现性和互换性差；非线性严重；测温范围较窄，目前只能达到 −50～300 ℃。

4. 热敏电阻的应用

由于热敏电阻具有许多优点，所以其应用范围广泛，可用于温度测量、温度补偿、温度控制、稳压稳幅、自动增益调整、气体和液体分析、火灾报警、过热保护等方面。下面介绍几种主要用法。

(1) 温度测量

图 2-10 所示是热敏电阻测温原理图，测量范围为 −50～300 ℃，误差小于±0.5 ℃，图中 S1 为工作选择开关，"0""1""2"分别为电压断开、校正、工作 3 个状态。工作前根据开关 S2 选择量程，将开关 S1 置于"1"处，调节电位计 R_w 使检流计 G 指示满刻度，然后将 S1 置于"2"处，热敏电阻被接入测量电桥进行测量。

(2) 温度补偿

仪表中常用的一些零件多数是用金属丝制成的,例如线圈、线绕电阻等。金属一般具有正的温度系数,采用负温度系数热敏电阻进行补偿,可以抵消由温度变化所产生的误差。实际应用时,将负温度系数热敏电阻与锰铜丝电阻并联后再与补偿元件串联,如图 2-11 所示。

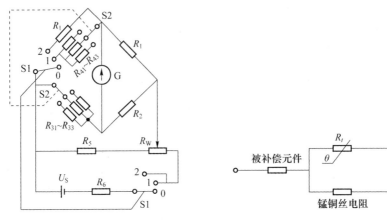

图 2-10 热敏电阻测温原理图　　　图 2-11 仪表中的温度补偿

(3) 温度控制

将热敏电阻与一个电阻串联,并加上恒定的电压,当周围介质温度升到某一数值时,电路中的电流可以由十分之几毫安突变为几十毫安。因此,可以用继电器的热敏电阻代替不随温度变化的电阻。当温度升高到一定值时,继电器动作。由于继电器的动作反映温度的大小,所以热敏电阻可用于温度控制。

(4) 过热保护

过热保护分直接保护和间接保护两种。对于小电流场合,可把热敏电阻直接串入负载中,防止过热损坏以保护器件;对于大电流场合,可通过继电器、晶体管电路等来保护。无论哪种情况,热敏电阻都与被保护器件紧密结合在一起,充分进行热交换,一旦过热,起保护作用。

2.3.3 验证实验——铂热电阻

1. 实验原理

pt100 铂热电阻的阻值在 0 ℃ 时为 100 Ω,测温范围一般为 -200～650 ℃。铂热电阻的阻值与温度的关系近似线性,当温度在 0 ℃≤t≤650 ℃ 之间时,铂热电阻在温度 t 时的阻值为

$$R_t = R_0(1 + At + Bt^2) \tag{2-5}$$

式中:R_t——铂热电阻在温度 t 时的阻值;

R_0——铂热电阻在 0 ℃ 时的阻值;

A——系数,为 3.96847×10^{-3} ℃$^{-1}$;

B——系数,为 -5.847×10^{-7} ℃$^{-2}$。

将铂热电阻作为桥路中的一部分,在温度变化时电桥失衡便可测得相应电路的输出电压变化值。

2. 实验所需器件

铂热电阻、加热炉、温控器、温度传感器实验模块、数字电压表、水银温度计或半导体点温

计(自备)。

3. 实验步骤

① 观察已置于加热炉顶部的铂热电阻,连接主机与温度传感器实验模块的电源线及传感器与模块处理电路接口,铂热电阻电路输出端 U_o 接电压表,温度计置于热电阻旁感受相同的温度。

② 开启主机电源,调节铂热电阻电路调零旋钮,使输出电压为零,电路增益适中。由于铂热电阻通过电流时产生自热,其阻值要发生变化,因此电路有一个稳定过程。

③ 开启加热炉,设定加热炉温度小于或等于 100 ℃,观察随炉温上升铂热电阻的阻值变化及输出电压变化(实验时主机温度表上显示的温度值是加热炉的炉内温度,并非是加热炉顶端传感器感受到的温度),并记录数据填入以下表格:

$t/℃$											
U_o/mV											

作出 U_o-t 曲线,观察其工作线性范围。

4. 注意事项

加热器温度一定不能过高,以免损坏传感器的包装。

2.4　热电偶传感器

2.4.1　热电偶测量原理

热电偶传感器是目前应用最广泛、发展较完善的温度传感器,其在很多方面都具备一种理想温度传感器的条件。

1. 热电偶的特点

(1) 温度测量范围广

随着科学技术的发展,目前热电偶的品种较多,其可以测量从 -271～+2 800 ℃ 以至更高的温度。

(2) 性能稳定、准确可靠

在正确使用的情况下,热电偶的性能是很稳定的,其精度高,且测量准确可靠。

(3) 信号可以远传和记录

由于热电偶能将温度信号转换成电压信号,因此可以远距离传递,也可以集中检测和控制。此外,热电偶的结构简单,使用方便,其测量端能做得很小。因此,可以用它来测量"点"的温度。又由于它的电容量小,因此其反应速度很快。

2. 热电偶的分类

(1) 按材料分类

热电偶按材料可分为廉金属、贵金属、难熔金属和非金属四大类。廉金属中有铁-康铜、铜-康铜、镍铬-考铜、镍铬-康铜、镍铬-镍硅(镍铝)等;贵金属中有铂铑 10-铂、铂铑 30-铂铑 6 及铂铑系,以及铱铑系、铱钌系和铂铱系等;难熔金属中有钨铼系、钨钼系、铱钨系和铌钛系等;非金属中有二碳化钨-二炭化钼、石墨-碳化物等。

(2) 按用途和结构分类

热电偶按用途和结构可分为普通工业用和专用两类。

普通工业用的热电偶分为直形、角形和锥形(其中包括无固定装置、螺纹固定装置和法兰固定装置等品种)。

专用的热电偶分为钢水测量的消耗式热电偶、多点式热电偶和表面测温热电偶等。

3. 热电偶的测温原理

热电偶测温是基于热电效应的。在两种不同的导体(或半导体)A 和 B 组成的闭合回路中,如果它们两个结点的温度不同,则在回路中产生一个电动势,通常称这种电动势为热电势,这种现象就是热电效应,如图 2-12 所示。

在图 2-12 所示的回路中,两种丝状的不同导体(或半导体)组成的闭合回路称为热电偶。导体 A 和 B 称为热电偶的热电极或热偶丝。对于热电偶的两个结点,温度为 t 的被测对象中的结点称为测量端,又称工作端或热端;温度为参考温度 t_0 的另一结点称为参比端或参考端,又称自由端和冷端。

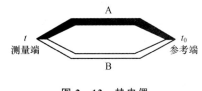

图 2-12 热电偶

热电偶产生的热电势由接触电势和温差电势两部分组成。

(1) 接触电势

接触电势就是由于两种不同导体的自由电子密度不同而在接触处形成的电动势,又称帕尔贴(peltier)电势。在两种不同导体 A、B 接触时,由于材料不同,两者有不同的电子密度,如 $N_A > N_B$,则在相同的时间内,从导体 A 扩散到导体 B 的自由电子数比相反方向的多,即自由电子主要从导体 A 扩散到导体 B,这时导体 A 因失去电子而带正电,导体 B 因得到电子而带负电。因此,在接触面上形成了自 A 到 B 的内部静电场,产生了电位差,即接触电势。但它不会不断地增加,而是会很快地稳定在某个值上。这是因为由电子扩散运动而建立的内部静电场或电动势将产生反方向的漂移运动,加速电子在反方向的转移,使从导体 B 到导体 A 的电子移动速率加快,并阻止电子扩散运动的继续进行,最后达到动态平衡,即单位时间内从 A 扩散的电子数目等于反方向漂移的电子数目。此时,在一定温度(t)下的接触电势 $E_{AB}(t)$ 也就不发生变化而稳定在某个值上了。

由上述内容可知,接触电势的大小与温度高低及导体中的电子密度有关,温度越高,接触电势越大;两种导体电子密度的比值越大,接触电势也就越大。

(2) 温差电势

温差电势是在同一导体的两端因其温度不同而产生的一种热电势,又称汤姆逊(Thomson)电势。设导体两端的温度分别为 t 和 t_0($t > t_0$),由于高温端(t)的电子能量比低温端(t_0)的电子能量大,因而从高温端跑到低温端的电子数比低温端跑到高温端的电子数要多,结果高温端失去电子而带正电荷,低温端得到电子而带负电荷,从而形成了一个从高温端指向低温端的静电场。此时,在导体的两端就产生了一个相应的电势差,这就是温差电势。其大小可根据物理学电磁场理论得到。

(3) 热电偶回路的热电势

当金属导体 A、B 组成热电偶回路时,总的热电势包括两个接触电势和两个温差电势。由于温差电势比接触电势小,又 $t > t_0$,所以在总电势 $E_{AB}(t, t_0)$ 中,以导体 A、B 在高温端的接触电势所占的比重最大,故总电势的方向取决于该方向。

由上述内容可知,热电偶总电势与电子密度 N_A、N_B 及两结点温度 t、t_0 有关。电子密度不仅取决于热电偶材料的特性,而且随温度的变化而变化,它不是常数,所以,当热电偶材料一定时,热电偶的总电势成为温度 t 和 t_0 的函数差。如果使冷端温度 t_0 固定,则对一定材料的热电偶,其总电势就只与温度 t 成单值函数关系。

由此可得有关热电偶的几个结论:

① 热电偶必须采用两种不同的材料作为电极,否则无论热电偶两端温度如何,热电偶回路总热电势为零。

② 尽管采用两种不同的金属,但若热电偶的两结点温度相等,即 $t=t_0$,则回路总电势为零。

③ 热电偶 A、B 的热电势只与结点温度有关,与材料 A、B 的中间各处温度无关。

4. 热电偶基本定律

(1) 均质导体定律

由一种均质导体或半导体组成的闭合回路,不论其截面、长度如何以及各处的温度如何分布,都不会产生热电势,即热电偶必须采用两种不同的材料作为电极。

(2) 中间导体定律

在热电偶回路中,介入第三种导体 C,如图 2-13 所示,若这第三种导体两端的温度相同,则热电偶所产生的热电势保持不变,即第三种导体 C 的引入对热电偶回路的总电势没有影响。

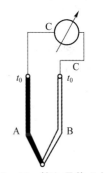

图 2-13 接入导体 C 的热电偶回路

热电偶回路中接入多种导体后,只要保证接入的每种导体的两端温度相同,就不会对热电偶的热电势产生影响。根据热电偶这一性质,可以在热电偶的回路中引入各种仪表和连接导线等。例如,在热电偶的自由端接入一个测量热电偶的仪表,并保证两个结点的温度相等,就可以对热电势进行测量,而且不影响热电势的输出。

(3) 中间温度定律

在热电偶回路中,两结点温度为 t、t_0 时的热电势等于该热电偶在结点温度为 t、t_a 以及 t_a、t_0 时热电势的代数和,即

$$E_{AB}(t,t_0) = E_{AB}(t,t_a) + E_{AB}(t_a,t_0) \qquad (2-6)$$

根据这一定律,只要给出自由端为 0 ℃ 时的热电容和温度关系,就可以求出冷端为任意温度 t_0 时的热电偶的热电势,即

$$E_{AB}(t,t_0) = E_{AB}(t,0) + E_{AB}(0,t_0) \qquad (2-7)$$

(4) 标准电极定律

如图 2-14 所示,当温度为 t、t_0 时,用导体 A、B 组成的热电偶的热电势等于 AC 热电偶和 CB 热电偶的热电势的代数和,即

$$E_{AB}(t,t_0) = E_{AC}(t,t_0) + E_{CB}(t,t_0) \qquad (2-8)$$

导体 C 称为标准电极,故把这一定律称为标准电极定律。

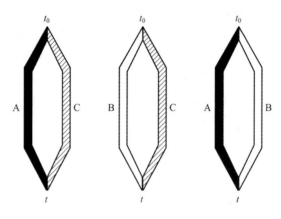

图 2-14 标准电极

2.4.2 热电极材料及常用热电偶

1. 热电极材料

根据上述热电偶的测温原则,理论上任何两种导体均可配成热电偶,但因实际测温时对测量精度及使用等有一定要求,故对制造热电偶的热电极材料也有一定要求。除满足上述对温度传感器的一般要求外,还应注意如下要求:

① 在测温范围内,热电极性质稳定,不随时间和被测介质变化;物理化学性能稳定,不易氧化和腐蚀。

② 电导率要高,并且电阻温度系数要小。

③ 它们组成的热电偶的热电势随温度的变化率要大,并且希望该变化率在测温范围内接近常数。

④ 材料的机械强度要高,复制性要好,复制工艺要简单,价格要便宜。

完全满足上述条件要求的材料很难找到,故一般只根据被测量温度的高低选择适当的热电极材料。下面分别介绍国内生产的几种常用热电偶,它们分别为标准热电偶与非标准热电偶。其中,标准热电偶是指国家标准规定了其热电势与温度的关系和允许误差,并有统一的标准分度表。

2. 标准热电偶

(1) 铂铑 10-铂热电偶(S 型)

这是一种贵金属热电偶,由直径为 0.5 mm 以下的铂铑合金丝(铂 90%,铑 10%)或纯铂丝制成。由于容易得到高纯度的铂和铂铑,故这种热电偶的复制精度和测量准确度较高,可用于精密温度测量。其在氧化性或中性介质中具有较好的物理化学稳定性,在 1 300 ℃ 以下范围内可长时间使用。其主要缺点是:金属材料的价格昂贵;热电势小,而且热电特性曲线非线性较大;在高温时容易受还原气体所发出的蒸气和金属蒸气的侵害而变质,降低测量精度。

(2) 铂铑 30-铂铑 60 热电偶(B 型)

这也是一种贵金属热电偶,长期使用的最高温度可达 1 600 ℃,短期使用的最高温度可达 1 800 ℃,它宜在氧化性和中性介质中使用,在真空中可短期使用,不能在还原性介质及含有金属或非金属蒸气的介质中使用,除非外面套有合适的非金属保护管才能使用。它具有铂铑

10-铂热电偶的各种优点,其抗污染能力强。其主要缺点是灵敏度低、热电势小,因此冷端在 40 ℃以上使用时,可不必进行冷端温度补偿。

(3) 镍铬-镍硅(镍铬-镍铝)热电偶(K 型)

镍铬-镍硅(镍铬-镍铝)热电偶(K 型)由镍铬与镍硅制成,热电偶丝直径一般为 1.2~2.5 mm。镍铬为正极,镍硅为负极。该热电偶化学性较高,可在氧化性介质或中性介质中长时间测量 900 ℃以下的温度,短期测量可达 1 200 ℃;但如果用于还原性介质中,则会很快受到腐蚀,在这种情况下只能用于测量 500 ℃以下的温度。这种热电偶具有复制性好、产生热电势大、线性好、价格低廉等优点。虽然其测量精度偏低,但完全能满足工业测量要求,是工业生产中最常用的一种热电偶。

(4) 镍铬-康铜热电偶(E 型)

镍铬-康铜热电偶(E 型)的正极为镍铬合金,9%~10%铬,0.4%硅,其余为镍;负极为康铜,56%铜,44%硅。镍铬-康铜热电偶的热电势是所有热电偶中最大的,如 $E_A(100.0)=6.95$ mV,比铂铑-铂热电偶大了 10 倍左右,其热电势特性的线性好,价格低。其缺点是:不能用于高温,长期使用高温上限为 600 ℃,短期使用上限可达 800 ℃;另外,康铜容易氧化而变质,使用时应加保护套管。

以上几种标准热电偶的温度与热电势特性曲线如图 2-15 所示。虽然曲线描述方式在宏观上容易看出不少特点,但是靠曲线查看数据还很不精确。为了正确地掌握数值,编制了针对各种热电偶热电势与温度的对照表,称为"分度表"。例如铂铑 10-铂热电偶(分度号为 S)的分度表如表 2-1 所列,表中温度按 10 ℃分挡,其中间值按内插法计算,按参考端温度为 0 ℃取值。

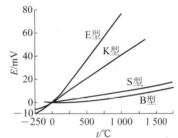

图 2-15 几种常用标准热电偶的温度与热电势特性曲线

表 2-1 铂铑 10-铂热电偶(分度号为 S)的分度表

工作端温度/℃	0	10	20	30	40	50	60	70	80	90
	热电势/mV									
0	0.000	0.055	0.113	0.173	0.235	0.299	0.365	0.432	0.502	0.573
100	0.645	0.719	0.795	0.872	0.950	1.029	1.109	1.190	1.273	1.356
200	1.440	1.525	1.611	1.698	1.785	1.873	1.962	2.051	2.141	2.232
300	2.323	2.414	2.506	2.599	2.692	2.786	2.880	2.974	3.069	3.164
400	3.260	3.356	3.452	3.549	3.645	3.743	3.840	3.938	4.036	4.135
500	4.234	4.333	4.432	4.532	4.632	4.732	4.832	4.933	5.034	5.136
600	5.237	5.339	5.442	5.544	5.648	5.751	5.855	5.960	6.064	6.169
700	6.274	6.380	6.486	6.592	6.699	6.805	6.913	7.020	7.128	7.236
800	7.345	7.454	7.563	7.673	7.782	7.892	8.003	8.114	8.225	8.336
900	8.448	8.560	8.673	8.786	8.899	9.012	9.126	9.240	9.355	9.470
1 000	9.585	9.700	9.816	9.932	10.048	10.165	10.282	10.400	10.517	10.635

续表 2-1

工作端温度/℃	0	10	20	30	40	50	60	70	80	90
	热电势/mV									
1 100	10.754	10.872	10.991	11.110	11.229	11.348	11.467	11.587	11.707	11.827
1 200	11.947	12.067	12.188	12.308	12.429	12.550	12.671	12.792	12.913	13.034
1 300	13.155	13.276	13.397	13.519	13.640	13.761	13.880	14.004	14.125	14.247
1 400	14.368	14.489	14.610	14.731	14.852	14.973	15.094	15.215	15.336	15.456
1 500	15.576	15.697	15.817	15.937	16.057	16.176	16.296	16.415	16.534	16.653
1 600	16.771									

3. 非标准热电偶

非标准热电偶无论是适用范围还是数量上均不及标准热电偶，但在某些特殊场合，譬如在高温、低温、超低温、高真空等被测对象中，这些热电偶却具有某些特别良好的特性。随着生产和科学技术的发展，人们正在不断地研究和探索新的热电极材料，以满足特殊测温的需要。下面简述 3 种非标准热电偶，供参考。

(1) 钨铼系热电偶

钨铼系热电偶属廉金属热电偶，可用来测量高达 2 760 ℃的温度，通常用于测量低于 2 316 ℃ 的温度，短时间测量温度可达 3 000 ℃。这种介质系列热电偶可用于干燥的氢气、中性介质和真空中，不宜用在还原性介质、潮湿的氢气及氧化性介质中。常用的钨铼系热电偶有钨-钨铼 26、钨铼-钨铼 25、钨铼 5-钨铼 20 和钨铼 5-钨铼 26，这些热电偶的常用温度为 300～2 000 ℃，分度误差为±1%。

(2) 铱铑系热电偶

铱铑系热电偶属于贵金属热电偶。铱铑-铱热电偶可用在中性介质和真空中，但不宜用在还原性介质中，在氧化性介质中使用将缩短其寿命。它们在中性介质和真空中测温可长期使用到 2 000 ℃左右。虽然它们热电势小，但线性好。

(3) 镍钴-镍铝热电偶

镍钴-镍铝热电偶的测温范围为 300～1 000 ℃，其特点是在 300 ℃以下热电势很小，因此不需要冷端温度补偿。

2.4.3 热电偶的结构

1. 普通型热电偶

普通型热电偶主要用于测量气体、蒸气、液体等介质的温度。由于使用的条件基本相似，所以这类热电偶已做成标准型。其基本组成部分大致相同，通常都是由热电极 1、绝缘管 2、保护套管 3 和接线盒 4 等主要部分组成。普通的工业用热电偶结构示意图如图 2-16 所示。

(1) 热电极

热电偶常以热电极材料种类命名，其直径大小是由价格、机械强度、电导率以及热电偶的用途和测量范围等因素来决定的。贵金属热电极直径大多是在 0.13～0.65 mm 之间，普通金属热电极直径为 0.5～3.2 mm。热电极长度由使用、安装条件，特别是工作端在被测介质中插入的深度来决定，通常为 350～2 000 mm，常用的长度为 350 mm。

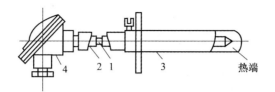

1—热电极；2—绝缘管；3—保护套管；4—接线盒

图 2-16 普通的工业用热电偶结构示意图

(2) 绝缘管

绝缘管又称绝缘子，用来防止两根热电极短路，其材料的选用要根据使用的范围和对绝缘性能的要求而定，通常是氧化铝和耐火陶瓷。它一般制成圆形，中间有孔，长度为 20 mm，使用时根据热电极的长度，可多个串起来使用。

(3) 保护套管

为使热电极与被测介质隔离，并使其免受化学侵蚀或机械损伤，热电极在套上绝缘管后再装入保护套管内。

对保护套管的要求一方面要经久耐用，能耐温度急剧变化，耐腐蚀，不分解出对电极有害的气体，有良好的气密性及足够的机械强度；另一方面要传热良好，传导性能要好，热容量越小越好，电极对被测温度变化的响应速度越慢越好。常用的材料有金属和非金属两类，应根据热电偶类型、测温范围和使用条件等因素来选择保护套管材料。

(4) 接线盒

接线盒供热电偶与补偿导线连接用。接线盒固定在热电偶保护套管上，一般用铝合金制成，分普通式和防溅式(密封式)两类。为防止灰尘、水分及有害气体侵入保护套管内，连接端子上应注明热电极的正、负极性。

2. 铠装热电偶

铠装热电偶是热电极 3、绝缘材料 2 和金属套管 1 经拉伸加工而成的组合体，其断面结构如图 2-17 所示，分单芯和双芯两种。它可以做得很长、很细，在使用中可以随测量需要进行弯曲。

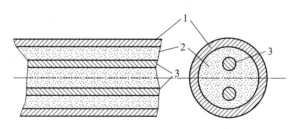

1—金属套管；2—绝缘材料；3—热电极

图 2-17 铠装热电偶断面结构

金属套管材料为铜、不锈钢等，热电极和金属套管之间填满了绝缘材料的粉末，目前常用的绝缘材料有氧化镁、氧化铝等。目前生产的铠装热电偶外径一般为 0.25～12 mm，有多种规格。它的长短根据需要来定，最长的可达 100 m 以上。

铠装热电偶的主要特点是：测量端热容量小，动态响应快，机械强度高，抗干扰性好，耐高压、耐强烈振动和耐冲击,可安装在结构复杂的装置上,因此已被广泛用在许多工业部门中。

2.4.4 热电偶冷端温度补偿

由热电偶的作用原理可知,热电偶热电势的大小不仅与测量端的温度有关,而且与冷端的温度有关,是测量端温度 t 和冷端温度 t_0 的函数差。为了保证输出电势是被测温度的单值函数,就必须使一个结点的温度保持恒定,而使用的热电偶分度表中的热电势值都是在冷端温度为 0 ℃时给出的。因为如果热电偶的冷端温度不是 0 ℃,而是其他某一数值,且又不加以适当处理,那么即使测得了热电势的值,仍不能直接应用热电偶分度表,即不可能得到测量端的准确温度,从而产生测量误差。但在工业使用时,要使冷端的温度保持在 0 ℃是比较困难的,因此通常采用如下一些温度补偿办法。

1. 补偿导线法

随着工业生产过程自动化程度的提高,要求把测量的信号从现场传送到集中控制室里,或者由于其他原因,显示仪表不能安装在被测对象的附近,而需要通过连接导线将热电偶延伸到温度恒定的场所。由于热电偶一般做得比较短(除铠装热电偶外),特别是贵金属热电偶就更短了,这样热电偶的冷端离被测对象很近,使冷端温度较高且波动较大。如果使用很长的热电偶使冷端延长到温度比较稳定的地方,这种办法由于热电极线不便于敷设,且对于贵金属很不经济,因此是不可行的。所以,一般用一种导线(称补偿导线)将热电偶的冷端伸出来,如图 2-18 所示。这种导线采用廉价金属,其在一定温度范围内(0～100 ℃)具有和所连接的热电偶相同的热电性能。

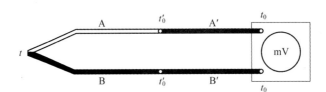

A、B—热电偶电极;A'、B'—补偿导线;
t_0'—热电偶原冷端温度;t_0—热电偶新冷端温度

图 2-18 补偿导线在测温回路的连接

常用热电偶的补偿导线如表 2-2 所列,表中补偿导线型号的第一个字母与配用热电偶型号相对应;第二个字母"X"表示延伸补偿导线(补偿导线的材料与热电偶电极的材料相同),字母"C"表示补偿型导线。

表 2-2 常用热电偶的补偿导线

补偿导线型号	配用热电偶型号	补偿导线		绝缘层颜色	
		正 极	负 极	正 极	负 极
SC	S	SPC(铜)	SNC(铜镍)	红	绿
KC	K	KPC(铜)	KNC(康铜)	红	蓝
KX	K	KPX(镍铬)	KNX(镍硅)	红	黑
EX	E	EPX(镍铬)	ENX(铜镍)	红	棕

在使用补偿导线时必须注意以下问题:
① 补偿导线只能在规定的温度范围内(一般为 0～100 ℃)与热电偶的热电势相等或相近。
② 不同型号的热电偶有不同的补偿导线。
③ 热电偶和补偿导线的两个结点处要保持相同温度。
④ 补偿导线有正、负极之分,需分别与热电偶的正、负极相连。
⑤ 补偿导线的作用只是延伸热电偶的自由端,当自由端 $t_0 \neq 0$ ℃时,还需进行其他补偿与修正。

2. 计算法

当热电偶冷端温度不是 0 ℃,而是 t_0 时,根据热电偶中间温度定律,可得热电势的计算校正公式:

$$E(t,0) = E(t,t_0) + E(t_0,0)$$

式中:$E(t,0)$——冷端为 0 ℃ 而热端为 t 时的热电势;
　　　$E(t,t_0)$——冷端为 t_0 而热端为 t 时的热电势,即实测值;
　　　$E(t_0,0)$——冷端为 0 ℃ 而热端为 t_0 时的热电势,即冷端温度不为 0 ℃ 时的热电势校正值。

因此只要知道了热电偶参比端的温度 t_0,就可以从分度表中查找到对应于 t_0 的热电势 $E(t_0,0)$;然后将这个热电势值与显示仪表所测的读数值 $E(t,t_0)$ 相加,所得的结果就是热电偶的参比端温度为 0 ℃ 时,对应于测量端的温度为 t 时的热电势 $E(t,0)$;最后就可以从分度表中查找到对应于 $E(t,0)$ 的温度,这个温度的数值就是热电偶测量端的实际温度。

例如:S 型热电偶在工作时自由端温度 $t_0 = 30$ ℃,现测得热电偶的电势为 7.5 mV,欲求被测介质的实际温度。

因为,已知热电偶测得的电势为 $E(t,30)$,即 $E(t,30) = 7.5$ mV,其中,t 为被测介质温度。

由表 2-1 可查得 $E(30,0) = 0.173$ mV,则

$$E(t,0) = E(t,30) + E(30,0) = (7.5 + 0.173) \text{ mV} = 7.673 \text{ mV}$$

由表 2-1 可查得 $E(t,0) = 7.673$ mV 对应的温度为 830 ℃,则可知被测介质的实际温度为 830 ℃。

3. 补偿电桥法

补偿电桥法是利用不平衡电桥产生的电势来补偿热电偶因冷端温度变化而引起的热电势变化值,如图 2-19 所示。补偿电桥由电阻 R_1、R_2、R_3(锰铜丝烧制)和 R_{Cu} 四个桥臂和桥路稳压电源组成,串烧在热电偶测量回路中。热电偶冷端与电阻 R_{Cu} 感受相同的温度,通常取 20 ℃ 时电桥平衡($R_1 = R_2 = R_3 = R_{Cu}$),此时对角线 a、b 两点电位相等,即 $U_{ab} = 0$,电桥对仪表的度数无影响。当环境温度高于 20 ℃ 时,R_{Cu} 增加,平衡被破坏,a 点电位高于 b 点电位,产生一不平衡电压 U_{ab},与热端电势相叠

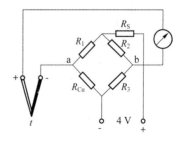

图 2-19　冷端温度补偿电桥

加,一起送入测量仪表。适当选择桥臂电阻和电流的数值,可使电桥产生的不平衡电压 U_{ab} 正好补偿由于冷端温度变化而引起的热电势变化值,仪表即可指示出正确的温度。由于电桥是在 20 ℃时平衡,所以采用这种补偿电桥须把仪表的机械零件位调整到 20 ℃。

4. 冰浴法

冰浴法是在科学实验中经常采用的一种方法。为了测量准确,可以把热电偶的冷端置于冰水混合物的容器里,保证使 $t_0=0$ ℃。这种方法最为妥善,然而不够方便,所以仅限于科学实验中应用。为了避免冰水导电引起 t_0 处的结点短路,必须把结点分别置于两个玻璃试管里,如果侵入同一冰点槽,则要使之互相绝缘。

5. 软件处理法

对于计算机系统,不必全靠硬件进行热电偶冷端处理。例如在冷端温度恒定但不为 0 ℃的情况下,只要在采样后加一个与冷端温度对应的常数即可。对于 t_0 经常波动的情况,可利用热敏电阻或其他传感器把 t_0 输入计算机,按照运算公式设计一些程序,便能自动修正。后一种情况必须考虑输入的通道中除了热电势之外还应该有冷端温度信号,如果多个热电偶的冷端温度不相同,还要分别采样,若占用的通道数太多,则宜利用补偿导线将所有的冷端接到同一温度外,只用一个温度传感器和一个修正 t_0 的输入通道就可以了。冷端集中,对于提高多点巡检的速度也很有利。

2.4.5 热电偶常用测温电路

1. 测量某点温度的基本电路

图 2-20 所示是测量某点温度的基本电路,图中 A、B 为热电偶,C、D 为补偿导线(其中,C 为铜导线),t_0 为使用补偿导线后的热电偶冷端温度。在实际使用时就把补偿导线一直延伸到配用仪表的接线端子,这时冷端温度即为仪表接线端子所处的环境温度。

2. 测量两点之间温度差的测温电路

图 2-21 所示是测量两点之间温度差的测温电路。用两个相同型号的热电偶,配以相同的补偿导线,这种连接方法应使各自产生的热电势互相抵消,仪表 G 可测 t_1 和 t_2 之间的温度差。

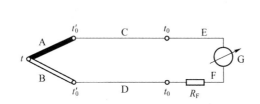

图 2-20 测量某点温度的基本电路

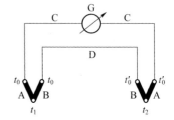

图 2-21 测量两点之间温度差的测温电路

3. 测量多点的测温电路

多个被测温度用多支热电偶分别测量,但多个热电偶共用一台显示仪表,它们是通过专用的切换开关来进行多点测量的,测温电路如图 2-22 所示。但各个热电偶的型号要相同,测温范围不要超过显示仪表的量程。多点测温电路多用于自动巡回检测中,此时温度巡回检测点可多达几十个,以轮流或按要求显示各测点的被测数值。而显示仪表和补偿热电偶只用一个就够了,这样就可以大大节省显示仪表的补偿导线了。

4. 测量平均温度的测温电路

用热电偶测量平均温度一般采用热电偶并联的方法,如图 2-23 所示。输入仪表两端的毫伏值为 3 个热电偶输出热电动势的平均值,即 $E=(E_1+E_2+E_3)/3$,如果 3 个热电偶均工作在特性曲线的线性部分,则代表各点温度的算术平均值。为此,

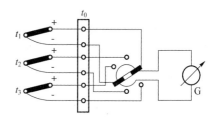

图 2-22 多点测温电路

每个热电偶都需串联较大电阻。此种电路的优点是:仪表的分度仍旧和单独配用一个热电偶时一样;其缺点是:当某一热电偶烧断时不能很快地觉察出来。

5. 测量几点温度之和的测温电路

用热电偶测量几点温度之和一般采用热电偶串联的方法,如图 2-24 所示。输入仪表两端的热电势之和,即 $E=E_1+E_2+E_3$,可直接从仪表读出其平均值。此种电路的优点是:热电偶烧坏时可立即知道,还可获得较大的热电动势。应用此种电路时,每一热电偶引出的补偿导线必须回接到仪表中的冷端处。

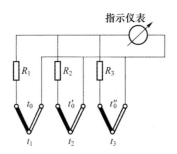

图 2-23 热电偶测量平均温度的并联电路

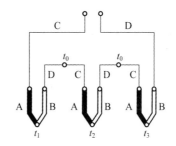

图 2-24 热电偶测量几点温度之和的串联电路

2.4.6 验证实验——热电偶测温实验

1. 实验原理

由两根不同材质的导体熔接而成的闭合回路叫作热电回路,当其两端处于不同温度时回路中产生一定的电流,这表明电路中有电势产生,此电势即为热电势。

本实验中选用两种热电偶镍铬-镍硅(K 型)和镍铬-铜镍(E 型)。

2. 实验所需器件

K 型热电偶(也可选用其他分度号的热电偶)、E 型热电偶、温控电加热炉、温度传感器实验模块、$4\frac{1}{2}$ 位数字电压表(自备)。

3. 实验步骤

① 观察热电偶结构(可旋开热电偶保护外套),了解温控电加热炉的工作原理。

温控电加热炉:作为热源的温度指示、控制、定温之用。温度调节方式为时间比例式,绿灯亮时表示继电器吸合电炉加热,红灯亮时表示加热炉断电。

温度设定:将拨动开关拨向"设定"位,调节设定电位器,仪表显示的温度值(℃)随之变化,调节至实验所需的温度时停止;然后将拨动开关拨向"测量"侧。注意:首次设定温度不应过高,以免热惯性造成加热炉温度过冲。

② 首先将温度设定在 50 ℃ 左右,打开加热开关(电加热炉电源插头插入主机加热电源处插座),热电偶插入电加热炉内。K 型热电偶为标准热电偶,冷端接"测试"端,E 型热电偶接"温控"端(注意:热电偶极性不能接反,而且不能断开热电偶连接)。$4\frac{1}{2}$ 位数字电压表置于 200 mV 挡,当钮子开关拨向"温控"时测 E 型热电偶的热电势,并记录电加热炉的温度与热电势 E 的关系。

③ 因为热电偶冷端温度不为 0 ℃,所以需对所测热电势的值进行修正,如下:

$$E(t,t_0) = E(t,t_1) + E(t_1,t_0)$$

实际热电势 = 测量所得热电势 + 温度修正热电势

查阅热电偶分度表,将上述测量与计算结果对照。

④ 继续将炉温提高到 70 ℃、90 ℃、110 ℃、130 ℃ 和 150 ℃,重复上述实验步骤,观察热电偶的测温性能。

4. 注意事项

电加热炉温度请勿超过 200 ℃,当加热开始时,热电偶一定要插入炉内,否则炉温会失控。同样,做其他温度实验时也需用热电偶来控制电加热炉温度。

因为温控仪表为 E 分度,加热炉的温度就必须由 E 型热电偶来控制,E 型热电偶必须接在面板的"温控"端。所以,当钮子开关拨向"测量"侧接入 K 型热电偶时,数字温度表显示的温度并非为电加热炉内的温度。

2.5 辐射式温度传感器

辐射式温度传感器是利用物体的辐射能随温度变化的原理制成的。在应用辐射式温度传感器检测温度时,只需把传感器对准被测物体,而不必与被测物体直接接触。辐射式温度传感器是一种非接触式测温方法,它可以用于检测运动物体的温度和小的被测对象的温度。与接触式测温法相比,它具有如下特点:

① 传感器和被测对象不接触,不会破坏被测对象的温度场,故可测量运动物体的温度并可进行遥测。

② 由于传感器或热辐射探测器不必达到与被测对象同样的温度,故仪表的测温上限不受传感器材料熔点的限制,从理论上说仪表无测温上限。

③ 在检测过程中传感器不必和被测对象达到热平衡,故检测速度快,响应时间短,适于快速测温。

2.5.1 辐射测温的物理基础

1. 热辐射

物体受热激励原子中带电粒子,使一部分热能以电磁波的形式向空间传播,它不需要任何物质作为媒介(即在真空条件下也能传播),就能将热能传递给对方,这种能量的传播方式称为热辐射(简称辐射),传播的能量叫作辐射能。辐射能量的大小与波长、温度有关,它们的关系被一系列辐射基本定律所描述,而辐射式温度传感器就是以这些基本定律为工作原理而实现辐射测温的。

2. 黑 体

辐射基本定律,严格地讲,只适用于黑体。所谓黑体,是指能将落在它上面的辐射能量全部吸收的物体。在自然界中,绝对的黑体客观上是不存在的,铂黑碳素以及一些极其粗糙的氧化表面可近似为黑体。若用完全不透光或光滑的、温度均一的腔体(球体、柱体、锥形等),壁上开小孔,则当孔径与球径(若是球形腔体)相比很小时,这个腔体就成为很接近绝对黑体的物体,这时从小孔入射的辐射能量几乎全部被吸走。

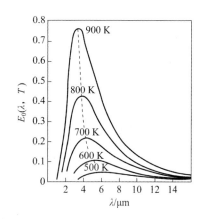

图 2 - 25 黑体辐射能量与波长、温度之间的关系

在某个给定温度下,对应不同波长的黑体辐射能量是不同的,在不同温度下对应全波长(λ,$0 \sim \infty$)范围总的辐射能量也是不同的。三者间的关系如图 2 - 25 所示,且满足下述各定律。

3. 辐射基本定律

(1) 普朗克定律

普朗克定律揭示了在各种不同温度下黑体辐射能量按波长分布的规律,其关系式为

$$E_0(\lambda, T) = \frac{C_1}{\lambda^5 e^{\frac{C_2}{\lambda T}} - 1} \tag{2-9}$$

式中:$E_0(\lambda, T)$——黑体的单色辐射强度,定义为单位时间内给单位面积上辐射出在波长 λ 附近单位波长的能量($W/(cm^2 \cdot \mu m)$);

T——黑体的绝对温度(K);

C_1——第一辐射常数,$C_1 = 3.74 \times 10^4$ $W \cdot \mu m/cm^2$;

C_2——第二辐射常数,$C_2 = 1.44 \times 10^4$ $\mu m \cdot K$;

λ——波长(μm)。

(2) 斯忒藩-玻耳兹曼定律

斯忒藩-玻耳兹曼定律确定了黑体全辐射与温度的关系,其关系式为

$$E_0 \approx \delta T^4 \tag{2-10}$$

式中:δ——斯忒藩-玻耳兹曼常数,$\delta = 5.67 \times 10^{-8}$ $W/(m^2 \cdot K^4)$。

此公式表明,黑体的全辐射能与它的绝对温度的四次方成正比,所以这一定律又称为四次方定律。工程上常见的材料一般都遵循这一定律,并称为灰体。

把灰体全辐射能 E 与统一温度下黑体全辐射能 E_0 相比,就得到物体的另一个特征量黑度 ε:

$$\varepsilon = \frac{E}{E_0} \tag{2-11}$$

式中:ε——黑度,反映了物体接近黑体的程度。

2.5.2 辐射测温方法

辐射测温方法有亮度法、全辐射法和比色法 3 种。

1. 亮度法

亮度法是指被测对象投射到检测元件上的被限制在某一特定波长的光谱辐射能量,而能量的大小与被测对象温度之间的关系是由普朗克公式所描述的一种辐射测温方法得到的,即比较被测物体与参考源在同一波长下的光谱亮度,并使二者的亮度相等,从而确定被测物体的温度。典型的测温传感器是光学高温计。

2. 全辐射法

全辐射法是指被测对象投射到检测元件上的对应全波长范围的辐射能量,而能量的大小与被测对象温度之间的关系是由斯忒藩-玻耳兹曼公式所描述的一种辐射测温的方法得到的。典型的测温传感器是辐射温度计(热电堆)。

3. 比色法

比色法是指被测对象的两个不同波长的光谱辐射能量投射到一个检测元件上,或同时投射到两个检测元件上,根据它们的比值与被测对象温度之间的关系实现辐射测温的方法,比值与温度之间的关系由两个不同波长下普朗克公式之比表示。典型的测温传感器是比色温度计。

2.5.3 常见测量设备

1. 光学高温计

光学高温计主要是由光学系统和电测系统两部分组成,其原理如图 2-26 所示。图 2-26 中的上半部为光学系统。物镜 1 和目镜 4 都沿轴向移动,调节目镜的位置,可清晰地看到温度灯泡 3 的灯丝。调节物镜的位置,能使被测物体清晰地成像在灯丝平面上,以比较二者的亮度。在目镜与观察孔之间置有红色滤光片 5,测量时移入视场,使所利用光谱有效波长 λ 约为 $0.66\ \mu m$,以保证满足单色测温条件。图 2-26 中的下半部为电测系统。温度灯泡 3 和可变电阻 7、按钮开关 S 和电源 U_S 相串联。毫伏表 6 用来测量不同亮度时灯丝两端的电压降,但指示值以温度刻度表示。通过调整可变电阻可以调整流过灯丝的电流,也就调整了灯丝的亮度。

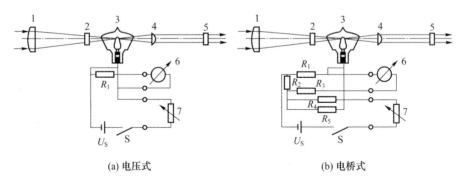

(a) 电压式　　　　　　　　(b) 电桥式

1—物镜;2—吸收玻璃;3—温度灯泡;4—目镜;5—红色滤光片;6—毫伏表;7—可变电阻

图 2-26　光学高温计原理

一定的电流对应灯丝一定的亮度,因而也就对应一定的温度。

测量时,在辐射热源(被测物体)的发光背景上可以看到弧形灯丝,如图 2-27 所示。假如灯丝亮度比辐射热源亮度低,则如图 2-27(a)所示;假如灯丝的亮度高,则灯丝在暗的背景上显示出亮的弧线,如图 2-27(b)所示;假如两者的亮度一样,则灯丝就隐灭在热源的发光背景里,如图 2-27(c)所示。这时由毫伏表读出的指示值就是被测物体的亮度温度。

(a) 灯丝亮度比辐射热源亮度低　　(b) 灯丝亮度比辐射热源亮度高　　(c) 灯丝亮度与辐射热源亮度一样

图 2-27　灯泡灯丝亮度调整图

2. 辐射温度计

辐射温度计的工作原理基于四次方定律。图 2-28 所示为辐射温度计的工作原理。被测物体的辐射线由物镜聚集在受热板上。受热板是一种人造黑体,通常为涂黑的铂片,吸收辐射能以后温度升高,由连接在受热板上的电热偶或热电阻测定。通常被测物体是 ε<1 的灰体,如果以黑体辐射作为基准进行标定刻度,那么知道了被测物体的 ε 值,即可根据式(2-12)和式(2-13)求得被测物体的温度。也就是说,由灰体辐射的总能量全部被黑体所吸收,这样它们的能量相等,但温度不同,可得

$$\varepsilon\delta T^4 = \delta T_0^4 \tag{2-12}$$

$$T = \frac{T_0}{\sqrt[4]{\varepsilon}} \tag{2-13}$$

式中：T——被测物体温度；

T_0——传感器测得的温度。

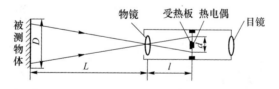

图 2-28　辐射温度计的工作原理

3. 比色温度计

图 2-29 所示为单通道比色温度计原理图。被测对象的辐射能通过透镜组,成像于硅光电池 7 的平面上,当同步电机以 3 000 r/min 的速度旋转时,调制器 5 上的滤光片以 200 Hz 的频率交替使辐射通过。当一种滤光片透光时,硅光电池接收的辐射能为 E_{λ_1}；而当另一种滤光片透光时,则接收的辐射能为 E_{λ_2}。因此,从硅光电池输出的电压信号为 U_{λ_1} 和 U_{λ_2},将两电压等比例衰减,设衰减率为 K,利用基准电压和参比放大器保持 $K \cdot U_{\lambda_2}$ 为一常数 R,则

$$\frac{U_{\lambda_1}}{U_{\lambda_2}} = K\frac{U_{\lambda_1}}{R} \tag{2-14}$$

$$KU_{\lambda_1} = R\frac{U_{\lambda_1}}{U_{\lambda_2}} \tag{2-15}$$

测量 KU_{λ_3},即可代替 $U_{\lambda_1}/U_{\lambda_2}$,从而得到 t。输出 t 单值对应的信号为 $0\sim10$ mA。测温范围为 $900\sim2\,000$ ℃,误差在测量上限的 ±1% 之内。

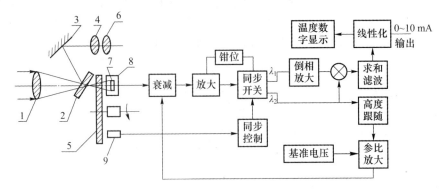

1—物镜;2—通孔光栏;3—反射镜;4—倒像镜;5—调制器;6—目镜;7—硅光电池;
8—恒温盒;9—同步线圈

图 2-29　单通道比色温度计原理图

4. 集成式温度传感器

（1）pt100 温度传感器

pt100 温度传感器是一种将温度变量转换为可传送的标准化输出信号的仪表,主要用于工业过程温度参数的测量和控制。pt100 温度传感器是集温度湿度采集于一体的智能传感器,温度的采集范围为 $-200\sim200$ ℃,湿度采集范围为 $0\%\sim100\%$,应用于医疗、电机、工业、温度计算、阻值计算等高精温度设备中。其外观如图 2-30 所示。

（2）DS18B20 温度传感器

DS18B20 温度传感器由 DS1820 传感器发展而来,只是得到的温度值的位数因分辨率不同而不同,另外,温度转换时的延时时间由 2 s 减为 750 ms。其外观如图 2-31 所示。

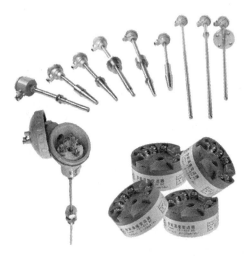

图 2-30　pt100 温度传感器

图 2-31　DS18B20 温度传感器

2.6 小制作——热带鱼缸水温自动控制器

热带鱼缸水温自动控制器运用负温度系数热敏电阻作为感温探头,通过加热器对鱼缸自动加热。本电路中暂态时间取得较小,有利于提高温控精度,对各种大小鱼缸都适用。

1. 电路工作原理

通过二极管 VD2～VD5 整流、电容器 C_2 滤波后,给电路的控制部分提供了约 12 V 的电压。555 时基电路集成单稳态触发器,暂态时间为 11 s。设控制温度为 25 ℃,通过调节电位器 R_P 使得 $R_P+R_t=2R_1$,其中,R_t 为负温度系数的热敏电阻。当温度低于 25 ℃ 时,R_t 阻值升高,555 时基电路的引脚 2 为低电平,则引脚 3 由低电平输出变为高电平输出,继电器 K 导通,触点吸合,加热管开始加热,直到温度恢复到 25 ℃ 时,R_t 阻值变小,555 时基电路的引脚 2 处于高电平,引脚 3 输出低电平,继电器 K 失电,触点断开,加热停止。

其电路原理图如图 2-32 所示。

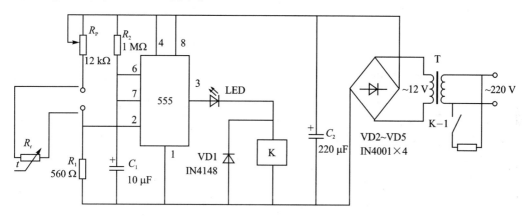

图 2-32 热带鱼缸水温自动控制器工作原理图

2. 元器件的选择

IC 选用 NE555、μA555、SL555 等时基集成电路;VD1 选用 IN4148 型硅开关二极管;LED 选用普通发光二极管;VD2～VD5 选用 IN4001 型硅整流二极管;R_t 选用常温下 470 Ω MF51 型的负温度系数热敏电阻;R_P 选用 WSW 微调电位器;R_1、R_2 选用 RXT-1/8W 型碳膜电阻;C_1 选用 CD11-16 V 型电解电容;C_2 选用 CT1 瓷介电容;K 选用工作电压为 12 V 的 JZC-22F 小型中功率电磁继电器。

3. 制作与调试方法

温度传感探头用塑料电线将热敏电阻 R_t 连接好,然后用环氧树脂胶将焊接点与 R_t 一起密封,这样就不怕水的侵蚀了。在制作过程中只要电路无误,本电路就很容易实现,如果元器件性能良好,则安装后不需要调试即可使用。

项目三 力的检测

在工业自动化生产过程中压力是重要的工艺参数之一,因此,正确地测量和控制压力是保证生产过程良好运行,达到优质高产、低消耗和安全生产的重要环节。本项目在简单介绍压力概念及单位的基础上,重点介绍应变式传感器、压电式传感器、电容式传感器和霍尔式传感器等的测压原理及测压方法,并辅以实验和小制作。生活中的这类传感器有指纹识别器(电容式)、测力锤(压电式)、电子秤(应变式)、医用探头(压电式)、音乐贺卡(压电式)等。

关于力的测量,需要做以下说明:

① 力的形式多种多样,为了描述简便,本项目多以压力为例进行说明。

② 在测量上所称的"压力"有时也指物理学中的"压强",它是反映物质状态的一个很重要的参数。

1. 压强的定义

压强是指均匀垂直作用在单位面积上的力的大小,可用式(3-1)表示:

$$p = F/S \tag{3-1}$$

式中:p——压强,单位为帕斯卡,简称帕(Pa);

F——垂直作用力(N);

S——受力面积(m²)。

2. 压强的表示及相互间的关系

压强测量中常分为:表压强、绝对压强、负压或真空度。

工程上所用压强指示值大多为表压强(绝对压强计的指示值除外),表压强是绝对压强和大气压强之差,即 $p_{表压强} = p_{绝对压强} - p_{大气压强}$。

相对压强(有效压强):相对于环境压强测定的压强。如果环境压强可变,则在某些时间间隔中测定的压强是相对值或有效值。

环境压强或大气压强:用气压计测定的压强随大气条件和地点变化。"标准状态"的大气压强参考值是 101 325 Pa。

真空或负压:负的相对压强,它低于环境压强。

过压:正的相对压强。

差压:这是两个压强的差值。

绝对压强:相对于真空测量的压强。

绝对压强、表压强和负压的关系如图 3-1 所示。

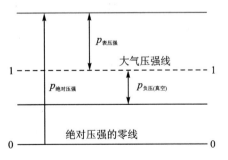

图 3-1 绝对压强、表压强和负压的关系

3.1 应变式压力计

应变片是基于应变效应工作的一种压力敏感元件,当应变片受外力作用产生形变时,应变片的电阻值将发生相应变化。

应变式压力传感器由弹性元件、应变片以及相应的桥路组成。图3-2所示为常见的电子秤用传感器。

(a) 悬臂梁式

(b) 双剪切梁式

(c) S型拉压式

(d) 柱式

图3-2 常见的电子秤用传感器

3.1.1 导电材料的应变电阻效应

应变效应的定义:导体或半导体材料在外界力的作用下产生机械变形时,其电阻值相应地发生变化,这种现象称为"应变效应"。

一段长为l、截面积为A、电阻率为ρ的导体,未受力时具有的电阻为

$$R = \frac{\rho l}{A} \tag{3-2}$$

式中:ρ——电阻的电阻率;

l——电阻的长度;

A——电阻的截面积。

电阻在拉力F的作用下伸长$\mathrm{d}l$,横截面积相应减小$\mathrm{d}A$,电阻率因材料晶格发生变形等改变$\mathrm{d}\rho$。规定$\mathrm{d}l/l = \varepsilon$,称之为材料应变。对式(3-2)求导,电阻值相对变化量为

$$\frac{\mathrm{d}R}{R} = \frac{\mathrm{d}l}{l} - \frac{\mathrm{d}A}{A} + \frac{\mathrm{d}\rho}{\rho}$$

对于理想的圆形导体,因为

$$\frac{\mathrm{d}A}{A} = 2\frac{\mathrm{d}r}{r} = -2\mu\varepsilon$$

所以
$$\frac{\mathrm{d}R}{R} = (1+2\mu)\varepsilon + \frac{\mathrm{d}\rho}{\rho}$$

可以得到
$$K = \frac{\frac{\mathrm{d}R}{R}}{\varepsilon} = 1 + 2\mu + \frac{\frac{\mathrm{d}\rho}{\rho}}{\varepsilon} \tag{3-3}$$

式中：r——导体的半径，受拉时 r 缩小；

μ——导体材料的泊松比；

K——导体材料的灵敏系数，单位应变所引起的电阻相对变化量。

式(3-3)中的 K 受两个因素影响：材料几何尺寸变化，即$(1+2\mu)$；材料电阻率的变化，即$(\mathrm{d}\rho/\rho)/\varepsilon$。在电阻拉伸极限内，电阻的相对变化与应变成正比，即 K 为常数。

(1) 金属材料的应变电阻效应

金属受外力作用时，以结构尺寸变化为主，即$(1+2\mu)$的值远比$(\mathrm{d}\rho/\rho)/\varepsilon$大，电阻相对变化与其线性应变成正比。对于金属或合金，一般 $K_m = 1.8 \sim 4.8$，其中 K_m 为金属材料的灵敏系数。

(2) 半导体材料的压阻效应

半导体受外力作用时，以电阻率 ρ 发生变化为主，即半导体材料$(\mathrm{d}\rho/\rho)/\varepsilon$的值远比结构尺寸变化$(1+2\mu)$大。

所以有
$$\frac{\mathrm{d}\rho}{\rho} = \pi \cdot \sigma = \pi \cdot E \cdot \varepsilon \tag{3-4}$$

可以推出
$$\frac{\mathrm{d}R}{R} = (1 + 2\mu + \pi E)\varepsilon \tag{3-5}$$

式中：π——半导体材料压阻系数；

σ——半导体材料所受应变力；

E——半导体材料弹性模量；

ε——半导体材料的应变。

式(3-5)中，$\pi E \gg (1+2\mu)$，$K_s \approx \pi E$，通常 $K_s = (50 \sim 80)K_m$，其中 K_s 为半导体材料的灵敏系数。

3.1.2 应变计的结构、类型及动态特性

1. 结　构

典型应变计的结构如图 3-3 所示，其由六大部分组成：

① 敏感栅：实现应变-电阻转换的敏感元件。通常由直径为 0.015～0.05 mm 的金属丝绕成栅状，或用金属箔腐蚀成栅状。

② 基底：为保持敏感栅固定的形状、尺寸和位置，通常用粘接剂将其固结在纸质或胶质的基底上。基底必须很薄，一般为 0.02～0.04 mm。

③ 引线：连接、引导敏感栅与测量电路。通常取直径 0.1～0.15 mm 的低阻镀锡铜线，并

用钎焊与敏感栅端连接。

④ 盖层：用纸、胶做成覆盖在敏感栅上的保护层，具有防潮、防蚀、防损等作用。

⑤ 粘接剂：把盖层和敏感栅固结于基底，把应变计基底粘贴在试件表面的被测部位，传递应变。

⑥ 电极：金属制成的信号引出部件，也可由敏感栅材料延伸而成。

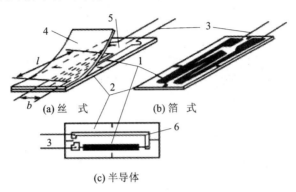

1—敏感栅；2—基底；3—引线；4—盖层；5—粘接剂；6—电极

图 3-3 典型应变计的结构

2. 类 型

① 金属丝式应变片：回线式和短接式。回线式最为常用，制作简单，性能稳定，成本低，易粘贴，但横向效应较大。

② 金属箔式应变片：利用照相制版或光刻技术将厚 0.003～0.01 mm 的金属箔片制成所需图形的敏感栅，也称为应变花。

③ 半导体应变片：由单晶半导体经切型、切条、光刻腐蚀成形，粘贴在薄的绝缘基片上，再加上保护层。其重复性、温度及时间稳定性差。

3. 动态特性

实验表明，机械应变波是以相同于声波的形式和速度在材料中传播的。当它依次通过一定厚度的基底、胶层(两者都很薄，可忽略不计)和栅长而为应变计所响应时，就会有时间的滞后。这种响应滞后对动态(高频)应变测量会产生误差。应变计的动态特性就是指应变计在时间变化下的响应特性。

(1) 机械滞后

由于敏感栅基底和粘接剂材料的性能，或使用中的过载、过热，都会使应变计产生残余变形，从而导致应变计输出的不重合。这种不重合性用机械滞后(Z_j)来衡量。机械滞后是指粘贴在试件上的应变计，在恒温条件下增(加载)、减(卸载)试件应变的过程中，对应同一机械应变所指示应变量(输出)之差值，如图 3-4 所示。通常在室温条件下，要求机械滞后 Z_j<3～10 $\mu\varepsilon$。实测中，可在测试前通过多次重复预加、卸载来减小机械滞后产生的误差。

(2) 蠕变和零漂

粘贴在试件上的应变计，在恒温恒载条件下，指示应变量随时间单向变化的特性称为蠕变，如图 3-5 中的 θ 所示。

当试件初始空载时，应变计示值仍会随时间变化的现象称为零漂，如图 3-5 中的 P_0 所示。

蠕变反映了应变计在长时间工作中对时间的稳定性,通常要求 $\theta < 3 \sim 15\ \mu s$。引起蠕变的主要原因是,制作应变计时内部产生的内应力和工作中出现的剪应力使丝栅、基底,尤其是胶层之间产生的"滑移"所致。选用弹性模量较大的粘接剂和基底材料,适当减薄胶层和基底,并使之充分固化,有利于蠕变性能的改善。

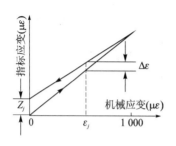

图 3-4 应变计的机械滞后特性

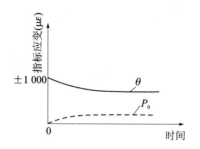

图 3-5 应变计的蠕变和零漂特性

(3) 应变极限

应变计的线性(灵敏系数为常数)特性,只有在一定的应变限度范围内才能保持。当试件输入的真实应变超过某一限值时,应变计的输出特性将出现非线性。在恒温条件下,使非线性误差达到10%时的真实应变值称为应变极限,如图 3-6 所示。应变极限是衡量应变计测量范围和过载能力的指标,通常要求 $\varepsilon_{\lim} \geq 8\ 000\mu\varepsilon$。影响 $\varepsilon_{\lim}$ 的主要因素及改善措施与蠕变的基本相同。

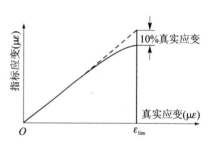

图 3-6 应变计的应变极限特性

3.1.3 应变计的使用

1. 选择应变计时的注意事项

① 选择类型——使用目的、要求、对象、环境等。
② 材料考虑——使用温度、时间、最大应变量及精度。
③ 阻值选择——根据测量电路和仪器选定标称电阻。
④ 尺寸考虑——试件表面、应力分布、粘贴面积。
⑤ 其他考虑——特殊用途、恶劣环境、高精度。

2. 粘接剂的选择与应变计的粘贴

① 粘接剂的选择:在室温工作的应变片多采用常温、指压固化条件的粘接剂,如聚酯树脂、环氧树脂类。
② 应变计的粘贴:第一步,准备试件和应变片;第二步,涂胶;第三步,贴片;第四步,复查;第五步,接线;第六步,防护。

3.1.4 应变计的温度效应及其补偿

1. 温度效应

温度效应是指温度变化导致应变计阻值发生改变。可以按照式(3-6)计算电阻的大小:

$$\left(\frac{\Delta R}{R}\right)_t = \alpha_t \Delta t + K(\beta_s - \beta_t)\Delta t \tag{3-6}$$

式中：α_t——敏感栅材料的电阻温度系数；

K——应变计的灵敏系数；

β_s、β_t——试件和敏感栅材料的线膨胀系数。

2. 热输出

应变计的温度效应及其热输出由两部分组成：热阻效应和敏感栅与试件的热膨胀。在工作温度变化较大时，热输出干扰必须加以补偿。

3. 热输出补偿方法

(1) 温度自补偿法

精心选配敏感栅材料与结构参数，使敏感栅与试件的阻值随温度变化能相互抵消。

(2) 桥路补偿法

1) 双丝半桥式

同符号电阻温度系数的两种合金丝串接，工作栅 R_1 接入工作臂，补偿栅 R_2 外接串联电阻 R_B（对温度影响不敏感）接入补偿臂。当温度变化时，只要电桥工作臂和补偿臂的热输出相等或相近，就能实现热补偿。双丝半桥式热补偿应变计如图 3-7 所示。

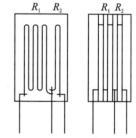

图 3-7 双丝半桥式热补偿应变计

2) 补偿块法

使用两个相同的应变计，R_1 贴在试件上，接入电桥工作臂；R_2 贴在与试件同材料、同环境温度，但不参与机械应变的补偿块上，接入电桥相邻臂作补偿臂；补偿臂产生与工作臂相同的热输出，通过电桥起到补偿作用。补偿块半桥热补偿应变计如图 3-8 所示。

3) 差动电桥法

两个应变片分别贴于测悬梁上下对称位置，R_1、R_B 特性相同，两电阻变化值相同、符号相反，故电桥输出电压比单臂电桥增加 1 倍。当测悬梁上下温度一致时，R_B 与 R_1 可起温度补偿作用。差动电桥法如图 3-9 所示。

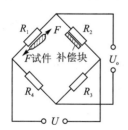

图 3-8 补偿块半桥热补偿应变计

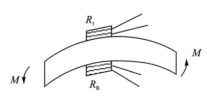

图 3-9 差动电桥法

3.1.5 测量电路

常见的测量电路为应变电桥，如图 3-10 所示。它采用的电路可以是直流电桥式、交流电桥式或电位计式，应用最多的是交流电桥式电路并带有载波放大器的形式。

采用交流电桥电路的应变仪由应变电桥、放大器、相敏检波器、滤波器、载频振荡器和稳压电源组成,如图 3-11 所示。其中,应变电桥、放大器、相敏检波器、滤波器、载频振荡器的介绍分别如下:

① 应变电桥:将应变计的电阻变化转换成电压或电流信号,以便放大器放大。通常电桥由正弦振荡器供电,其频率为 500 Hz～50 kHz,较低频率的被测应变信号对较高频率的电桥电压进行调幅,输出一个窄频带的调幅波信号。

② 放大器:对电桥输出的微弱信号进行不失真地放大,并以足够的功率去推动指示器和记录器。为提高放大器的稳定性,一般采用交流载波放大器,直流放大器仅用于超动态应变仪。

③ 相敏检波器:将放大后的调幅波还原为被测应变信号波形,同时反映被测应变信号的方向。通常采用环形相敏检波器。

④ 滤波器:滤除相敏检波器输出信号中的高次谐波分量,以获得理想的输出波形。

⑤ 载频振荡器:产生一个稳定的振荡电压,作为电桥供电电压和相敏检波器的参考电压。

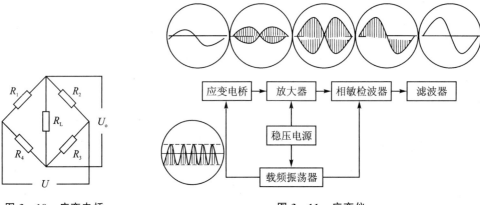

图 3-10 应变电桥　　　　　图 3-11 应变仪

应变电桥的输出电压为

$$U_o = U\left(\frac{R_3}{R_3+R_4} - \frac{R_2}{R_1+R_2}\right) = U\frac{R_1R_3 - R_2R_4}{(R_3+R_4)(R_1+R_2)}$$

对于全等臂单臂电桥,因为桥臂电阻大小相等:

$$\Delta U_o = \frac{U}{4}\frac{\Delta R_1}{R_1}\bigg/\left(1+\frac{1}{2}\frac{\Delta R_1}{R_1}\right) = \frac{U}{4}\frac{\Delta R_1}{R_1}$$

可得到桥臂系数为

$$S_u = \Delta U_0 \bigg/ \frac{\Delta R_1}{R_1} = \frac{U}{4} \tag{3-7}$$

1. 应变电桥的 3 种工作方式

① 单臂半桥工作方式:R_1 为应变片,R_2、R_3、R_4 为固定电阻,$\Delta R_2 \sim \Delta R_4$ 均为零。

② 双臂半桥工作方式:R_1、R_2 为应变片,R_3、R_4 为固定电阻,$\Delta R_3 = \Delta R_4 = 0$,如图 3-12 所示。

③ 全桥工作方式:电桥的 4 个桥臂都为应变片,如图 3-13 所示。

结论:

单臂半桥工作方式的灵敏度最低,双臂半桥工作方式的灵敏度为单臂半桥工作方式的 2 倍,全桥工作方式的灵敏度为单臂半桥工作方式的 4 倍。

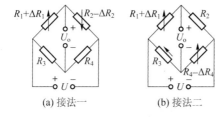

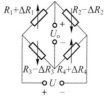

图 3-12 双臂半桥电路(应变片有两个)　　图 3-13 全桥电路(应变片有 4 个)

2. 温漂补偿

采用双臂半桥或全桥工作方式能实现温度自补偿的功能。当环境温度升高时,桥臂上的应变片温度同时升高,由温度引起的电阻漂移数值一致,可以相互抵消,所以这两种工作方式具有温度自补偿功能。

3. 电桥的调零

调零的必要性:实际使用中,R_1、R_2、R_3、R_4 不可能严格成比例关系,所以即使在未受力时,桥路的输出也不一定能严格为零,因此必须设置调零电路。

调零电路:在桥路中增加可调节的 R_P,最终可以使 R_1 与 $\left(\frac{1}{2}R_P+R_5\right)$、$R_2$ 与 $\left(\frac{1}{2}R_P+R_5\right)$ 的并联结果之比 R_1'/R_2' 等于 R_4/R_3,电桥趋于平衡,U_o 被预调到零位。

3.1.6 应变式传感器

应变式传感器常设计成两种不同的形式,即膜式及测力式。前者是应变片直接贴在感受被测压力的弹性膜上;后者则是把被测压力转换成集中力以后,再用应变测力计的原理测出压力的大小。

1. 膜式应变传感器

当被测物理量作用于弹性元件上时,弹性元件在力、力矩或压力等的作用下发生变形,产生相应的应变或位移,然后传递给与之相连的应变片,引起应变片的电阻值变化,通过测量电路变成电量输出。输出的电量大小反映被测量的大小。

最简单的平膜式压力传感器可由膜片直接感受由被测压力产生的变形,应变片贴在膜片的内表面,在膜片产生应变时,使应变片有一定的电阻变化输出。敏感栅位置如图 3-14(a) 所示,在膜片 $R/\sqrt{3}$ 范围内两个承受切力处均加粗以减小变形的影响,引线位置在 $R/\sqrt{3}$ 处。

为了充分利用膜片的工作压限,可以把两片应变片中的一片贴在正应变最大区(即膜片中心附近),另一片贴在负应变最大区(靠近边缘附近),这时可以得到最大差动灵敏度,并且具有温度补偿特性。图 3-14(b)中的 R_1、R_2 所在位置以及将两片应变片接成相邻桥臂的半桥电路就是按上述特性设计的。图 3-14(c)所示是专用圆形的箔式应变片,这种圆形箔式应变片能最大限度地利用膜片的应变形态,使传感器得到很大的输出信号。

平膜式压力传感器最大的优点是,结构简单,灵敏度高;其缺点是,不适于测量高温介质,

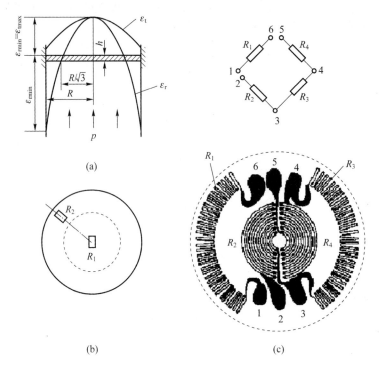

R—半径;h—厚度;p—压强;ε_t—R_2、R_4 的应变曲线;ε_r—R_1、R_3 的应变曲线

图 3-14 应变分布与应变布置

输出线性差。

2. 测力式应变传感器

图 3-15 所示为一种带水冷的测力式应变传感器。它与膜式传感器的最大区别在于,被测压力不直接作用到贴有应变片的弹性元件上,而是传到一个测力应变筒上。被测压力经膜片转换成相应大小的集中力,这个力再传给测力应变筒。测力应变筒的应变由贴在它上边的应变片测量。一般测量应变片沿圆周方向粘贴,而补偿应变片则沿轴向粘贴,在承受压力时,后者实际受有压应力,根据需要可以贴两个或 4 个应变片,实现差动补偿测量。

显然,这种结构的特点是,当被测介质温度波动时,应变片受到的影响应小些,另外,由于应变片内外都不与被测介质接触,所以便于冷却介质(水或风)的流通。图 3-15 所示的压力传感器采用水冷方式,冷却水由左边导管流出。这样,冷却介质可以直接冷却测力应变筒及与被测介质接触的膜片,所以能保证应变传感器在高温下工作。为了保证绝缘,没在水中的测力应变筒及应变片必须密封好,因此在测力应变筒贴上应变片之后,需在外层封一层环氧树脂,最后再在外边封上一层防水橡胶膜。

3. 扩散硅型压力传感器

扩散硅型压力传感器是把半导体应变膜直接扩散在单晶片基底上,这个单晶片既有测量功能,又有弹性元件作用,形成了高自振频率的压力传感器。外加压力通过金属膜传递到充油的内腔,这个压力再使硅测量元件产生应变。扩散电阻通过引线与带有补偿电阻的电路板连接。为了减小温度误差,一般以恒流源供电。

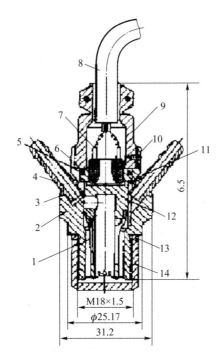

1—应变片；2—外壳；3—整片；4—冷却水管；5—密封垫；6、11、13—垫片；7—接线柱；
8—电缆；9—压帽；10—定位销；12—应变筒；14—保护帽

图 3-15　水冷式应变压力传感器

作为弹性膜的基底，一般多采用 N 型硅，采用扩散技术在特定区域形成 P 型扩散电阻。图 3-16 中的左边部分是一个环形硅片组合式测量元件，在基底上刻蚀出 4 个半桥，经过温度、压力测试后，从 4 个半桥中选出其中两个组成一个全桥。选择合适的扩散电阻的位置可以使 $\sigma=-\sigma$，即各个电桥电阻大小相等，这样的差动电桥可以得到最大的灵敏度。图 3-16 中的右边部分是传感器膜片一个界面的示意图。

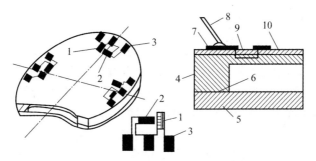

1—径向电阻R_r；2—切向电阻R_t；3—引片；4—N 型硅；5—硅；
6—金银熔层；7—薄铝层；8—金线；9—P 型硅；10—石英玻璃

图 3-16　扩散硅型压力传感器的膜片

4. 薄膜应变片

传统的应变片采用金属丝粘贴或硅扩散的办法制作敏感栅，其价格便宜、结构简单、使用方便，因此，在诸多类型的电阻应变片传感器中仍然是应用十分广泛的力敏元件。不过，由于粘贴式应变片的敏感层与基片之间的形变传递性能不好,存在诸如蠕变、机械滞后、零点漂移等问题,从而影响了它的测量精度。

薄膜应变片采用溅射或蒸发的方式,将半导体或金属敏感材料直接镀制于弹性基片上。相对于金属粘贴式应变片而言,薄膜应变片的应变传递性能得到了极大地改善,几乎无蠕变,并且具有稳定性好、可靠性高、尺寸小等优点,是一种很有发展前途的力敏传感器。

3.1.7 验证实验——应变片实验

实验一 金属箔式应变计性能——应变电桥

1. 实验目的

① 观察了解箔式应变片的结构及粘贴方式。
② 测试应变梁变形的应变输出。
③ 比较各桥路间的输出关系。

2. 实验原理

本实验说明了箔式应变片及直流电桥的原理和工作情况。

应变片是最常用的测力传感元件。当用应变片测试时,应变片要牢固地粘贴在测试体表面上,测件受力发生形变,应变片的敏感栅随之变形,其电阻值也随之发生相应的变化。通过测量电路转换成电信号输出显示。

电桥电路是最常用的一种电量测量电路,当电桥平衡时,桥路对臂两电阻乘积相等,电桥输出为零,在桥臂 4 个电阻 R_1、R_2、R_3、R_4 中,电阻的相对变化率分别为 $\Delta R_1/R_1$、$\Delta R_2/R_2$、$\Delta R_3/R_3$、$\Delta R_4/R_4$,当使用一个应变片时,为单臂电桥;当二个应变片组成差动状态工作时,为双臂电桥;当用 4 个应变片组成二个差动对工作,且 $R_1=R_2=R_3=R_4=R$ 时,为全桥。

3. 实验所需器件

直流稳压电源 +4 V、应变式传感器实验模块、贴于主机工作台悬臂梁上的箔式应变计、螺旋测微仪、数字电压表。

4. 实验步骤

① 连接主机与应变式传感器实验模块的电源连接线,差动放大器增益置于最大位置(顺时针方向旋到底),差动放大器"+""—"输入端对地用实验线短路。输出端接电压表 2 V 挡。开启主机电源,用调零电位器调整差动放大器,使其输出电压为零,然后拔掉实验线,调零后应变式传感器实验模块上的"增益、调零"电位器均不应再变动。

② 观察贴于悬臂梁根部的应变计的位置与方向,按照图 3-17 所示,将所需实验器件连接成测试桥路,图中 R_1、R_2、R_3 分别为应变式传感器实验模块上的固定标准电阻,R 为应变计(可任选上梁或下梁中的一个工作片);图中每两个节点之间可理解为一根实验连接线,注意连接方式,勿使直流激励电源短路。将螺旋测微仪装于应变悬臂梁前端的永久磁钢上,并调节螺旋测微仪使悬臂梁基本处于水平位置。

③ 确认接线无误后开启主机,并预热数分钟,使电路工作趋于稳定。调节变压式传感器实验模块上的 W_D 电位器,使桥路输出为零。

④ 用螺旋测微仪带动悬臂梁分别向上和向下各移动 5 mm,每移动 1 mm 记录一个输出

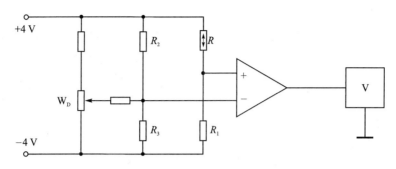

图 3-17 应变电桥实验电路连接图

电压值 U_o,并记入下表:

X/mm										
U_o/mV										

根据表中所测数据作出 U_o-X 曲线,计算灵敏度 S：$S=\Delta U/\Delta X$。

5. 注意事项

① 实验前应检查实验所用连接线是否完好,学会正确插拔连接线,这是顺利完成实验的基本保证。

② 由于悬臂梁弹性恢复的滞后及应变片本身的机械滞后,当螺旋测微仪回到初始位置后桥路电压输出值并不能马上回到零,此时可一次或几次将螺旋测微仪反方向旋动一个较大位移,使电压值回到零后再进行反向采集实验。

③ 在做单臂电桥实验时,由于应变片存在零漂和蠕变现象,所以桥路中的 3 个精密电阻与应变片的零漂值一致的可能性很小,如果没有补偿,则单臂电桥测试电路必然会出现输出电压漂移的现象,这真实地反映了应变片的特性。但是,只要采用了半桥或全桥测试电路,系统就会非常稳定,这是因为同一批次的应变片的漂移和蠕变特性相近,接成半桥和全桥形式后,根据桥路的加减特性就起到了非常好的补偿作用,这也是应变片在实际应用中无一例外地采用全桥(或半桥)测试电路的原因。

④ 因为是小信号测试,所以调零后电压表应置 2 V 挡,要尽量避免外界信号的干扰。

实验二　金属箔式应变计三种桥路性能比较

1. 实验原理

已知单臂、半桥和全桥电路的电阻变化 $\sum R$ 分别为 $\Delta R/R$、$2\Delta R/R$、$4\Delta R/R$。根据戴维南定理可以得出测试电桥近似等于 $E \cdot \sum R$,此处 E 为电桥灵敏度,于是单臂、半桥和全桥的电压灵敏度分别为 $\frac{1}{4}E$、$\frac{1}{2}E$ 和 E。由此可知,当 E 和电阻的相对变化一定时,电桥的灵敏度与各桥臂阻值的大小无关。

2. 实验所需器件

直流稳压电源(+4 V)、应变式传感器实验模块、贴于悬臂梁上的箔式应变计、螺旋测微仪、数字电压表。

3. 实验步骤

① 在完成"实验一　金属箔式应变性能——应变电桥"的基础上,依次将图 3-17 中的固定电阻 R_1 换接应变计组成半桥,将固定电阻 R_2、R_3 换接应变计组成全桥。

② 重复"实验一　金属箔式应变性能——应变电桥"中的步骤③和④,完成半桥与全桥测试实验。

③ 在同一坐标上做出 U_o - X 曲线,比较 3 种桥路的灵敏度,并给出定性的结论。

4. 注意事项

当应变计接入桥路时,要注意应变计的受力方向,一定要接成差动形式,即邻臂受力方向相反,对臂受力方向相同,若接反则电路无输出或输出很小。

3.2　压电式传感器

压电式传感器是基于某些晶体材料的压电效应的典型的有源(发电型)传感器。

压电式传感器的特点:响应频带宽、灵敏度高、信噪比大、结构简单、工作可靠、重量轻等。

压电效应是可逆的,故压电式传感器是一种典型的"双向传感器"。

3.2.1　压电效应

自然界中与压电效应有关的现象很多,比如:

① 在完全黑暗的环境中,将一块干燥的冰糖用榔头敲碎,可以看到冰糖在破碎的一瞬间会发出暗淡的蓝色闪光,这是强电场放电所产生的闪光,产生闪光的机理也是晶体的压电效应。

② 在敦煌的鸣沙丘中,当许多游客在沙丘上蹦跳或从鸣沙丘上往下滑时,可以听到雷鸣般的隆隆声。产生这个现象的原因是,无数干燥的沙子(SiO_2 晶体)在重压下引起振动,表面产生电荷,在某些时刻恰好形成电压串联,产生很高的电压,并通过空气放电而发出声音。

③ 在电子打火机中,多片串联的压电材料受到敲击,会产生很高的电压,通过尖端放电而产生火焰。

1. 压电效应

① 顺压电效应:机械能—电能。某些电介质物质,沿一定方向上受到外力作用时会变形,内部产生极化现象,同时在其表面上产生电荷,外力去掉后又重新回到不带电的状态。

② 逆压电效应:电能—机械能。在电介质的极化方向上施加电场,电解质会产生机械变形,去掉外加电场其变形随之消失(电致伸缩效应)。例如,音乐贺卡中的压电片就是利用逆压电效应而发声的。

由于外力作用在压电元件上产生的电荷只有在无泄漏的情况下才能保存,即需要测量回路具有无限大的输入阻抗,这实际上是不可能的,因此压电式传感器不能用于静态测量。压电元件在交变力的作用下,电荷可以不断地补充,可以供给测量回路以一定的电流,故只适用于动态测量。压电效应如图 3-18 所示。

2. 石英晶体的压电效应

一块完整的单晶体的外形构成一个凸多面体,围成凸多面体的面叫作晶面。石英晶体的外形及坐标轴如图 3-19 所示。

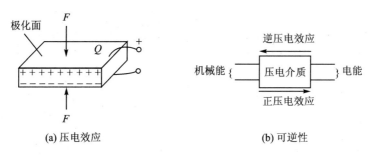

(a) 压电效应　　　　　　　(b) 可逆性

图 3-18　压电效应及可逆性

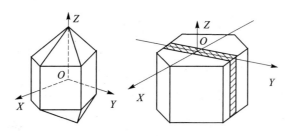

图 3-19　石英晶体的外形及坐标轴

Z 轴(光轴、中性轴)：晶体的对称轴，光线沿其通过晶体不产生双折射现象，该轴方向上没有压电效应。

X 轴(电轴)：垂直于 X 轴晶面上的压电效应最显著。

Y 轴(机械轴)：在电场作用下，沿此轴方向的机械变形最显著。

从晶体上切下一个平行六面体(矩形片)，让它的 3 对平行面分别平行于 X 轴、Y 轴和 Z 轴(石英晶体切型中的一种)。沿 X 轴施加压力产生的压电效应称为纵向压电效应，沿 Y 轴施加压力产生的压电效应称为横向压电效应。若将 X、Y 轴方向施加的压力改为拉力，则产生电荷的位置与施加压力时相同，但电荷的符号相反。石英晶体的压电效应如图 3-20 所示。

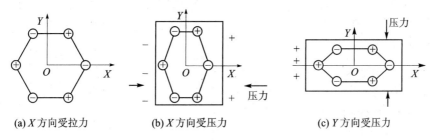

(a) X 方向受拉力　　　(b) X 方向受压力　　　(c) Y 方向受压力

图 3-20　石英晶体的压电效应

压电式传感器中主要利用纵向压电效应。

晶体表面产生的电荷量与作用在晶体表面上的压力成正比，与晶体厚度、面积无关，其表达式如下：

$$Q_{11} = d_{11} F_X \tag{3-8}$$

式中：F_X——沿 X 轴施加的压力；

Q_{11}——在 F_X 作用面上产生的电荷量；

d_{11}——压电常数。

受力分析(见图 3-21)：

① 如果在 X 轴方向受压，则硅离子挤入氧离子之间，而氧离子挤入硅离子之间，结果 A 上呈现负电荷，B 上呈现正电荷。

② 如果在 Y 轴方向受压，则硅离子和氧离子向内移动同样数值，在电极 C 和 D 上仍不呈现电荷；而在表面 A 和 B 上，相对把硅离子和氧离子挤向外边，分别呈现正、负电荷。

③ 如果在 Z 轴方向受压，则硅离子和氧离子是对称地平移，故表面不呈现电荷，没有压电效应。

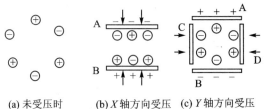

(a) 未受压时　　(b) X 轴方向受压　(c) Y 轴方向受压

图 3-21　X 轴方向受压图和 Y 轴方向受压图

3. 压电陶瓷的压电效应

压电陶瓷：由无数细微的电畴组成。电畴是自发极化的小区域，自发极化方向任意排列。当无外电场作用时，这些电畴的极化效应被互相抵消，使原始的压电陶瓷呈电中性，不具有压电性质。

为使压电陶瓷具有压电效应，必须进行极化处理(在一定温度下对压电陶瓷施加强电场，去掉该强电场后，其内部仍存在强剩余极化强度。当压电陶瓷受外力作用时，电畴的界限发生移动，剩余极化强度发生变化，呈现出压电效应)。

4. 压电材料

压电材料是指具有压电效应的物质，其有以下几种：

(1) 石英晶体(天然和人造)

石英晶体的压电常数为 $d_{11}=2.31\times 10^{-12}$ C/N，加热到几百摄氏度不变；产生稳定的固有频率 f_o；承受 $700\sim 1\,000$ kg/cm² 的压力。但是当温度达到 575 ℃时，则完全丧失压电性质(居里点)。

(2) 压电陶瓷

压电陶瓷是人造多晶系压电材料，例如钛酸钡、锆钛酸铅等。钛酸钡的压电常数高于石英晶体的，但其介电常数和机械性能不如石英晶体。

(3) 压电半导体

压电半导体包括硫化锌、氧化锌、砷化镓、硫化镉等。

(4) 高分子压电材料

高分子压电材料有聚偏二氟乙烯(PVF2 或 PVDF)、聚氟乙烯(PVF)、改性聚氯乙烯(PVC)等。其中，以 PVF2 和 PVDF 的压电常数最高。

高分子压电材料是一种柔软的压电材料，可根据需要制成薄膜或电缆套管等形状，经极化处理后就会显现出电压特性。它不易破碎，具有防水性，可以大量连续拉制，制成较大面积或较长的尺度，因此价格便宜。

高分子压电材料的声阻抗约为 0.02 MPa/s，与空气的声阻抗有较好的匹配，可以制成特大口径的壁挂式低音扬声器。

高分子压电材料的工作温度一般低于100 ℃,当温度升高时,灵敏度将降低。它的机械强度不够高,耐紫外线能力较差,不宜暴晒,以免老化。

(5) 新型材料

新型材料是一种压电陶瓷-高聚物复合材料,它是无机压电陶瓷和有机高分子树脂构成的压电复合材料,兼备无机和有机压电材料的性能。可根据需要,综合二种材料的优点,制作性能更好的换能器和传感器。新型材料的接收灵敏度很高,更适合于制作水声换能器。

5. 压电材料的几个重要参数

① 压电常数:衡量材料压电效应强弱的参数,直接关系到压电输出的灵敏度。
② 弹性常数:压电材料的弹性常数和刚度决定着压电器件的固有频率和动态特性。
③ 介电常数:对于一定形状、尺寸的压电器件,其固有电容与介电常数有关,固有电容影响压电传感器的频率下限。
④ 绝缘电阻:压电材料的绝缘电阻可减少电荷泄漏,改善传感器的低频特性。
⑤ 机械耦合系数:衡量电能量转换效率,等于转换输出能量与输入能量之比的平方根。
⑥ 居里点:压电材料开始丧失压电特性的温度。

3.2.2 测量线路

压电式传感器的内阻抗很高,而输出的信号微弱,因此一般不能直接显示和记录。其前置放大器有两个用途:一是把传感器的高阻抗输出变换为低阻抗输出,二是把传感器的微弱信号进行放大。

一般的,常使用电荷放大器来测量压电式传感器的输出信号。这是因为压电式传感器的内阻抗极高,因此需要与高输入阻抗的前置放大器配合。如果使用电压放大器,则在电压放大器输入端得到的电压 $u_i = Q/(C_a + C_c + C_i)$,导致电压放大器的输出电压与屏蔽电缆线的分布电容 C_c 及放大器的输入电容 C_i 有关,而它们均是不稳定的,会影响测量结果。因此,压电式传感器的测量电路多采用性能稳定的电荷放大器(即电荷/电压转换器)。电荷放大器电路如图3-22所示。

1. 电荷放大器的特点

电荷放大器是输出电压与输入电荷量成正比的宽带电荷/电压转换器,用于测量振动、冲击、压力等机械量,输入可配接长电缆而不影响测量精度。电荷放大器的频带宽度可达0.001 Hz~100 kHz,灵敏度可达100万倍以上,输出可达±10 V 或±100 mA,谐波失真度小于1%,折合至输入端的噪声小于10 μV。

电荷放大器输出电压的表达式为

$$u_o = -\frac{Q}{C_f} \tag{3-9}$$

式中:Q——压电式传感器产生的电荷;

C_f——并联在放大器输入端和输出端之间的反馈电容。

2. C_f 的选择

当被测振动较小时,电荷放大器的反馈电容应取得小一些,可获得较大的输出电压。

电荷放大器的低频下限 f_L 主要由电荷放大器的反馈电阻 R_f 与反馈电容 C_f 的乘积决

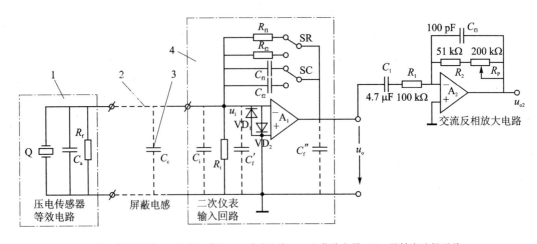

1—压电式传感器；2—屏蔽电缆线；3—分布电容；4—电荷放大器；SC—灵敏度选择开关；
SR—带宽选择开关；C'_i—C_f在放大器输入端的密勒等效电容；C''_i—C_f在放大器输出端的密勒等效电容

图 3-22 电荷放大器电路

定，即

$$f_L = \frac{1}{2\pi R_f C_f} \tag{3-10}$$

可根据被测信号的频率下限，用开关 SR 切换不同的 R_f 来获得不同的带宽。

便携式测振仪外形如图 3-23 所示。

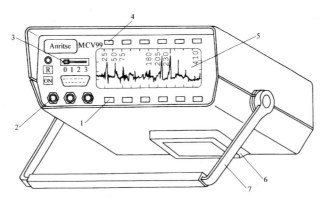

1—量程选择开关；2—压电式传感器输入信号插座；3—多路选择开关；4—带宽选择开关
5—带背光点阵液晶显示器；6—电池盒；7—可变角度支架

图 3-23 便携式测振仪外形

3.2.3 压电式传感器的应用

压电式传感器主要用于脉动力、冲击力、振动、加速度等动态参数的测量。常见用法有以下几种。

1. 压电式测力传感器

压电式测力传感器利用石英晶体的纵向压电效应，将"力"转换成"电荷"，并通过二次仪表转换成电。其具有气密性好、硬度高、刚度大、动态响应快等优点。目前，压电式测力传感器已组成各种锤头(钢、铝、尼龙、橡胶)型测力锤,测量动态力、准静态力和冲击力。压电式测力传感器如图 3-24 所示。

2. 压电式加速度传感器

压电式加速度传感器的优点:灵敏度高、体积小、重量轻、测量频率上限较高、动态范围大。其缺点:易受外界干扰,在测试前需进行各种校验。压电式加速度传感器有端面引出和侧面引出两种基本形式,用于测量各种机械振动。压电式加速度传感器如图 3-25 所示。

3. 压电式玻璃破碎报警器

压电陶瓷片具有正压电效应:压电陶瓷片在外力作用下产生扭曲、变形时会在其表面产生电荷,且产生的电荷量 Q 与作用力成正比,$Q = d_{33}F$,其中,d_{33} 为陶瓷的压电常数,F 为极化方向作用力。压电式传感器还具有一个重要特点:只能用于测量动态变化的信号,高频响应较好。压电式玻璃破碎报警器如图 3-26 所示。

图 3-24 压电式测力传感器   图 3-25 压电式加速度传感器   图 3-26 压电式玻璃破碎报警器

玻璃破碎时会产生 10~15 kHz 的高频声音信号,该信号可使压电式传感器的压电元件产生正压电效应。因此,压电陶瓷片可对玻璃破碎信号进行有效检测,并对 10 kHz 以下的声音有较强的抑制作用,从而检测玻璃是否发生破碎。

3.2.4 验证实验——压电式加速度传感器的性能测试

1. 实验原理

压电式传感器是一种典型的有源传感器(发电型传感器),压电传感元件是力敏元件,在压力、应力、加速度等外力作用下,在电介质表面产生电荷,从而实现非电量的电测。

2. 实验所需器件

压电式加速度传感器、公共电路实验模块、激振器Ⅱ、电压/频率表、示波器。

3. 实验步骤

① 观察位于主机双平行悬臂梁前端的压电式传感器的结构,按照图 3-27 所示连接主机与公共电路实验模块的电荷放大器、低通滤波器与传感器的接线。

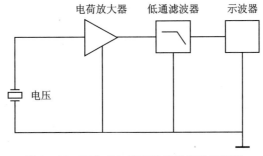

图 3-27 压电式加速度传感器实验原理图

② 开启主机电源，调节低频信号源的振幅与频率，当悬臂梁处于谐振时示波器所观察到的波形 U_{p-p} 值也最大。由此可得出结论：压电式加速度传感器是一种对外力变化敏感的传感器。

4. 注意事项

激振时悬臂梁振动频率不能过低（如低于 5 Hz），否则传感器将无稳定输出。

3.3 电容式传感器

电容式传感器的例子有很多，比如指纹识别器、扩音器、收音机和液位计等。

3.3.1 电容式传感器的工作原理及结构

工作原理：电容式传感器将被测量的变化转换成电容的变化，实质上是一个可变电容器。典型的理想平板电容的计算公式为

$$C = \frac{\varepsilon S}{d} \tag{3-11}$$

式中：ε——板间介质介电常数，可由公式 $\varepsilon = \varepsilon_0 \varepsilon_r$ 计算，其中，ε_0 是真空介电常数，ε_r 是极板间介质相对介电常数。

C——电容；

S——极板正对面积；

d——板间极距。

若保持两个参数不变，仅改变一个参数，则可把其变化转换为电容量的变化，通过测量电路转换为电量输出。因此，电容式传感器分为变极距型、变面积型和变介电常数型 3 种。

1. 变极距型电容式传感器

被测量通过动极板移动引起两极板极距 d 的改变，从而引起电容量的变化。当动极板相对于定极板沿极距方向平移 Δd（此处假设极距减小）时，若原电容大小为 $C_0 \left(C_0 = \frac{\varepsilon_0 \varepsilon_r S}{d_0} \right)$，则移动后电容 C 的大小为

$$C = C_0 + \Delta C = \frac{\varepsilon_0 \varepsilon_r S}{d_0 - \Delta d} = \frac{C_0}{1 - \frac{\Delta d}{d_0}} = \frac{C_0 \left(1 + \frac{\Delta d}{d_0}\right)}{1 - \left(\frac{\Delta d}{d_0}\right)^2} \tag{3-12}$$

当满足 $\Delta d / d_0 \ll 1$ 时：

$$C = C_0 + C_0 \frac{\Delta d}{d_0} \tag{3-13}$$

故该类电容式传感器只有在 $\Delta d / d_0$ 很小时才有近似的线性关系。

在 d_0 较小时，对于同样的 Δd 变化所引起的 ΔC 可以增大，使传感器灵敏度提高。但若 d_0 过小，则易引起电容器击穿或短路。因此，极板间应采用高介电常数的材料（云母、塑料膜等）作为介质。

一般变极距型电容式传感器的起始电容在 20～100 pF 之间，极板间距在 25～200 μm 范围内，最大位移应小于间距的 1/10，故在微位移测量中应用最广。

变极距型电容式传感器的典型结构如图 3-28 所示。

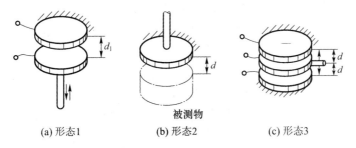

(a) 形态1　　(b) 形态2　　(c) 形态3

图 3-28　变极距型电容式传感器结构原理图

2. 变面积型电容式传感器

被测量通过动极板移动引起两极板有效覆盖面积 S(此处设极板为矩形,长边长度为 a,短边长度为 b)改变,从而引起电容量的变化。当动极板相对于定极板沿长度方向平移 Δx 时,电容的变化量为

$$\Delta C = C - C_0$$

$$C = \frac{\varepsilon_0 \varepsilon_r (a - \Delta x) b}{d_0}$$

$$\frac{\Delta C}{C_0} = \frac{\Delta x}{a}$$

可知:电容的变化与水平位移 Δx 呈线性关系。

电容式角位移传感器:动极板有角位移 θ,与定极板间的有效覆盖面积发生变化,可改变两极板间的电容量,即

$$C_0 = \frac{\varepsilon_0 \varepsilon_r S_0}{d_0}$$

$$C = \frac{\varepsilon_0 \varepsilon_r S_0 \left(1 - \dfrac{\theta}{\pi}\right)}{d_0} = C_0 - C_0 \frac{\theta}{\pi}$$

可知:C 与角位移 θ 呈线性关系。

变面积型电容式传感器的典型结构如图 3-29 所示。

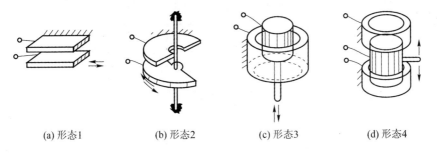

(a) 形态1　　(b) 形态2　　(c) 形态3　　(d) 形态4

图 3-29　变面积型电容式传感器的典型结构

3. 变介电常数型电容式传感器

被测量通过介质改变,引起电容量的变化。变化的电容量为

$$C = \frac{2\pi\varepsilon_1 h}{\ln\frac{D}{d}} + \frac{2\pi\varepsilon(H-h)}{\ln\frac{D}{d}} = \frac{2\pi\varepsilon H}{\ln\frac{D}{d}} + \frac{2\pi h(\varepsilon_1-\varepsilon)}{\ln\frac{D}{d}} = C_0 + \frac{2\pi h(\varepsilon_1-\varepsilon)}{\ln\frac{D}{d}}$$

$$C_0 = \frac{2\pi\varepsilon H}{\ln\frac{D}{d}}$$

$$\Delta C = C - C_0 = \frac{2\pi h(\varepsilon_1-\varepsilon)}{\ln\frac{D}{d}}$$

式中：h——液面高度；

H——传感器总高度；

d——内筒外径；

D——外筒内径；

ε_1——被测介质介电常数。

可知：传感器的电容增量 ΔC 正比于被测液位的高度 h。

变介电常数型电容式传感器有多种结构形式,可用来测量纸张、绝缘薄膜等的厚度,测量粮食、纺织品、木材或煤等非导电固体介质的湿度。

变介电常数型电容式传感器的典型结构如图 3-30 所示。

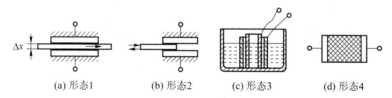

(a) 形态1　　　(b) 形态2　　　(c) 形态3　　　(d) 形态4

图 3-30　变介电常数型电容式传感器的典型结构

3.3.2　测量电路

1. 调频电路

把电容式传感器作为振荡器谐振回路的一部分。输入量导致电容量发生变化,振荡器的振荡频率随之变化。(非线性)必须加入鉴频器,将频率的变化转换为电压振幅的变化,经放大用仪器指示或记录仪记录下来。调频电路如图 3-31 所示。

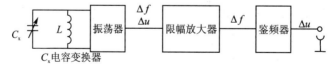

图 3-31　调频电路

调频振荡器的振荡频率：

$$f = \frac{1}{2\pi\sqrt{LC}}$$

调频电容式传感器测量电路具有较高的灵敏度,测量高至 $0.01\ \mu m$ 级位移变化量。信号的输出频率易用数字仪器测量,并与计算机通信,抗干扰能力强,可以发送、接收,以达到遥测、遥控的目的。

2. 运算放大器式电路

如图 3-32 所示,传感器为平板电容,$C_x = \varepsilon S/d$,输出电压与极板间距离 d 呈线性关系。$\dot{U}_i$ 为交流电源电压,$\dot{U}_o$ 为输出信号电压,Σ 为虚地点。

由运放计算公式可知:

$$\dot{U}_o = \frac{C}{C_x}\dot{U}_i$$

虽然解决了单个变极距型电容式传感器的非线性问题,但要求输入阻抗 Z_i 及放大倍数足够大。为保证仪器精度,要求交流电源电压 $\dot{U}_i$ 的幅值和固定电容 C 值稳定。

3. 脉冲宽度调制电路

脉冲宽度调制电路如图 3-33 所示,其输出电压波形如图 3-34 所示。

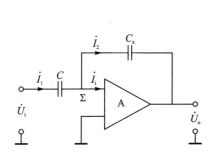

图 3-32 运算放大器式电路原理图

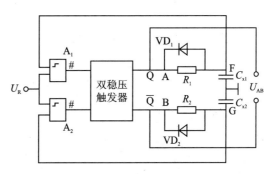

图 3-33 脉冲宽度调制电路

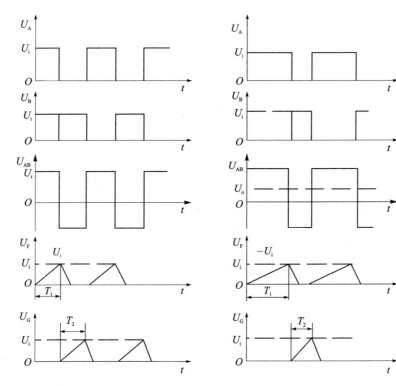

图 3-34 电压波形

差动脉宽调制电路适用于变极距型及变面积型电容式传感器,该电路具有线性特性,且转换效率高,经低通放大器有较大的直流输出,调宽频率的变化对输出没有影响。

4. 桥式转换电路

将电容式传感器接入交流电桥作为电桥的一个或两个相邻臂,另外两臂可以是电阻、电容或电感,也可以是变压器的两个次级线圈,如图 3-35 所示。

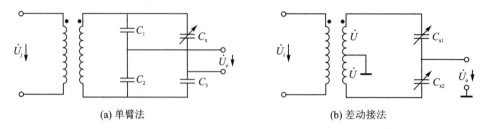

图 3-35 电容式传感器的桥式转换电路

由于电桥输出电压与电源电压成比例,因此要求电源电压波动极小,需要采用稳幅、稳频等措施。在实际应用中,由于接有电容式传感器的交流电桥的输出阻抗很高(一般达几兆欧至几十兆欧),输出电压幅值又小,所以必须后接高输入阻抗放大器将信号放大后才能测量。

由电桥电路组成的系统原理框图如图 3-36 所示。

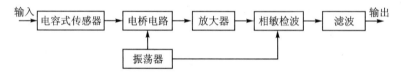

图 3-36 由电桥电路组成的系统原理框图

3.3.3 电容式传感器的应用

1. 电容式压力传感器

图 3-37 中的膜片为动电极,两个在凹形玻璃上的金属镀层为固定电极,构成差动电容器。

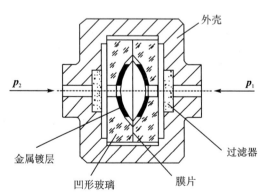

图 3-37 差动式电容压力传感器结构图

当被测压力或压力差作用于膜片并产生位移时,两电容器的电容量一个增大,一个减小。

该电容值的变化经测量电路转换成与压力(或压力差)相对应的电流或电压的变化。

2. 电容式加速度传感器

传感器壳体随被测对象沿垂直方向作直线加速运动,质量块在惯性空间中相对静止,两个固定电极相对于质量块在垂直方向产生大小正比于被测加速度的位移。此位移使两电容的间隙一个增加,一个减小,使 C_1、C_2 产生大小相等、符号相反的增量(正比于被测加速度)。差动式电容加速度传感器结构图如图 3-38 所示。

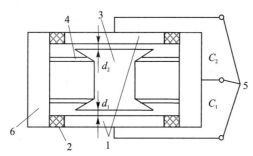

1—固定电极;2—绝缘垫;3—质量块;4—弹簧;5—输出端;6—壳体

图 3-38 差动式电容加速度传感器结构图

其主要特点:频率响应快,量程范围大,多采用空气或其他气体作为阻尼物质。

3. 差动式电容测厚传感器

音频信号发生器产生的音频信号接入变压器 T 的原边线圈,变压器副边的两个线圈作为测量电桥的两臂。电桥的另外两臂分别为标准电容 C_0 和 C_x($C_x = C_1 + C_2$)。差动式电容测厚传感器电路如图 3-39 所示。

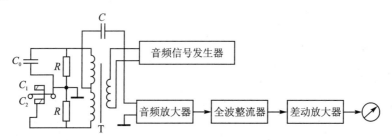

图 3-39 差动式电容测厚传感器电路

输出电压经放大器放大,整流为直流,经差动放大器放大,用指示电表指示材料厚度的变化。

3.3.4 验证实验——电容式传感器性能测试

1. 实验原理

差动式同轴变面积电容的两组电容片 C_{x1} 与 C_{x2} 作为双 T 电桥的两臂,当电容量发生变化时,桥路输出电压发生变化。

2. 实验所需器件

电容式传感器、电容式传感器实验模块、激振器Ⅰ、螺旋测微仪。

3. 实验步骤

① 观察电容式传感器的结构:传感器由一个动极与两个定极组成,连接主机与电容式传感器实验模块的电源线及传感器接口,按照图 3-40 所示接好实验线路,增益适当。

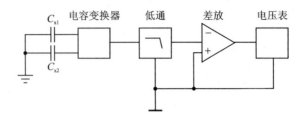

图 3-40 电容式传感器实验电路连接图

② 打开主机电源,用螺旋测微仪带动传感器动极移至两组定极中间,调整调零电位器,此时电容式传感器实验模块电路输出为零。

③ 前后移动动极,每次 0.5 mm,直至动定极完全重合为止,记录数据(填入下表),作出 U_o-X 曲线,求出灵敏度。

X/mm															
U_o/mV															

④ 移开螺旋测微仪,在主机振动平台旁的安装支架上装上电容式传感器,在振动平台上装好传感器动极,用手按动平台,使平台振动时电容动极与定极不碰擦为宜。

⑤ 开启"激振Ⅰ"开关,振动台带动动极在定极中上下振动,用示波器观察输出波形。

4. 注意事项

电容动极须位于环型定极中间,安装时须仔细调整,实验时电容不能发生擦片,否则信号会发生突变。

3.4 霍尔式传感器

霍尔式传感器是基于霍尔效应原理,将被测量(压力)转换成电动势输出的一种传感器。常用的有霍尔式压力计、霍尔式测速仪、霍尔式功率计等。

霍尔式传感器的优点:结构简单,体积小,坚固,频率响应宽,动态范围大,无触点,使用寿命长,可靠性高,易微型化和集成电路化。

霍尔式传感器的缺点:温度影响大,要求转换精度较高时必须进行温度补偿。

3.4.1 霍尔效应

霍尔效应的例子:将小型蜂鸣器的负极接到霍尔接近开关的 OC 门输出端,正极接 V_{CC} 端。当没有磁铁靠近时,OC 门截止,蜂鸣器不响;当磁铁靠近到一定距离(例如 3 mm)时,OC 门导通,蜂鸣器响;当将磁铁逐渐远离霍尔接近开关到一定距离(例如 5 mm)时,OC 门再次截止,蜂鸣器不响。

霍尔效应:金属或半导体薄片置于磁感应强度为 B 的磁场中,磁场方向垂直于薄片,当有

电流 I 流过薄片时,在垂直于电流和磁场的方向上将产生电动势 E_H,这种现象称为霍尔效应(Hall Effect),该电动势称为霍尔电动势(Hall EMF),上述半导体薄片称为霍尔元件(Hall Element)。用霍尔元件做成的传感器称为霍尔传感器(Hall Transducer)。

霍尔元件属于四端元件,其中一对(即 a 端、b 端)称为激励电流端,另外一对(即 c 端、d 端)称为霍尔电动势输出端,c 端、d 端一般应处于侧面的中点。霍尔元件示意图如图 3-41 所示。

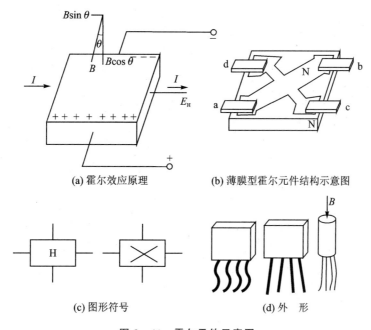

(a) 霍尔效应原理　　(b) 薄膜型霍尔元件结构示意图

(c) 图形符号　　(d) 外　形

图 3-41　霍尔元件示意图

已经相关实验验证,流入激励电流端的电流 I 越大、作用在薄片上的磁场强度 B 越强,霍尔电动势也就越高。霍尔电动势 E_H 可表示为

$$E_H = K_H I B \tag{3-14}$$

式中:K_H——霍尔元件的灵敏度。

若磁感应强度 B 不垂直于霍尔元件,而是与其法线成某一角度 θ,那么实际上作用于霍尔元件上的有效磁感应强度就是其法线方向(与薄片垂直的方向)的分量,即 $B\cos\theta$,这时的霍尔电动势为

$$E_H = K_H I B \cos\theta \tag{3-15}$$

由式(3-14)和式(3-15)可知,霍尔电动势与输入电流 I、磁感应强度 B 成正比,且当 B 的方向改变时,霍尔电动势的方向也随之改变。如果所施加的磁场为交变磁场,则霍尔电动势为同频率的交变电动势。

目前常用的霍尔元件材料是 N 型硅,霍尔元件的壳体可用塑料、环氧树脂等制造。

3.4.2　霍尔元件

1. 主要技术指标

① 额定激励电流 I_H:使霍尔元件温升 10 ℃所加的控制电流值(散热条件)。

② 输入电阻 R_i：控制电极间的电阻值，规定在室温（20±5）℃的环境温度中测取。它的数值从几十欧到几百欧，视不同型号的元件而定。温度升高，输入电阻变小，从而使输入电流 I_{ab} 变大，最终引起霍尔电动势变大。使用恒流源可以稳定霍尔元件的激励电流。

③ 最大激励电流 I_m：激励电流增大，霍尔元件的功耗增大，元件的温度升高，导致霍尔电动势的温漂增大。因此，每种型号的元件均规定了相应的最大激励电流，它的数值从几毫安至十几毫安。

④ 最大磁感应强度 B_m：当磁感应强度超过 B_m 时，霍尔电动势的非线性误差将明显增大，B_m 的数值一般小于零点几特斯拉。

⑤ 输出电阻 R_S：霍尔电极间的电阻值，规定在（20±5）℃条件下测取。

⑥ 不等位电势 U_0 及零位电阻 r_0：当控制磁感应强度为零，控制电流为额定激励电流 I_H 时，霍尔电极间的空载电势（或称零位电势）为 U_0，有 $r_0 = U_0/I_H$。

产生不等位电势的主要原因：① 霍尔电极安装位置不正确（不对称或不在同一等电位面上）；② 半导体材料不均匀、电阻率不均匀或几何尺寸不均匀；③ 控制电极接触不良造成控制电流不均匀分布等。以上三者均是制造工艺造成的。

2. 霍尔元件的电路

（1）不等位电势的补偿（用分析其电阻的方法进行补偿）

霍尔元件不等位电势补偿电路如图 3-42 所示。

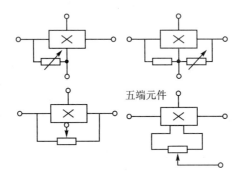

图 3-42 霍尔元件不等位电势补偿电路

（2）温度补偿

霍尔元件的性能参数如输入和输出电阻、霍尔系数等也随温度变化而变化，导致霍尔电动势变化，产生温度误差。为减小温度误差，可采用以下两种方法：

① 选用温度系数较小的材料（砷化铟）。

② 采用适当的补偿电路。

（3）电路补偿

① 采用恒流源供电和输入回路并联电阻的方法。

② 采用恒压源供电和输入回路串联电阻的方法。

3.4.3 霍尔集成电路

霍尔集成电路（又称霍尔 IC）的优点：体积小、灵敏度高、输出幅度大、温漂小、对电源稳定性要求低等。

霍尔集成电路的分类:线性型和开关型两大类。

线性型霍尔集成电路的内部电路:

霍尔元件、恒流源和线性差动放大器等做在同一个芯片上,输出电压为伏级,比直接使用霍尔元件方便得多。线性型霍尔集成电路如图3-43所示,其输出特性如图3-44所示。

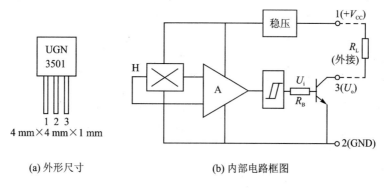

图 3-43 线性型霍尔集成电路

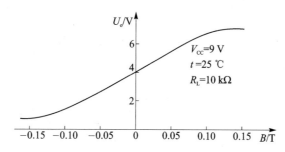

图 3-44 线性型霍尔集成电路的输出特性

开关型霍尔集成电路的内部电路:

霍尔元件、稳压电路、放大器、施密特触发器、OC门(集电极开路输出门)等电路做在同一个芯片上。开关型霍尔集成电路如图3-45所示。当外加磁场强度超过规定的工作点时,OC门由高阻态变为导通状态,输出变为低电平;当外加磁场强度低于释放点时,OC门重新变为高阻态,输出高电平。其施密特输出特性如图3-46所示。

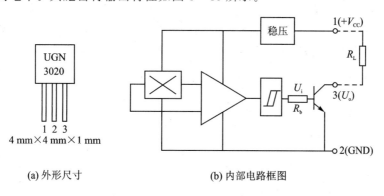

图 3-45 开关型霍尔集成电路

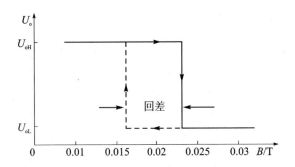

图 3-46 开关型霍尔集成电路的施密特输出特性

3.4.4 霍尔式传感器的应用

霍尔电动势是关于 I、B、θ 三个变量的函数,即 $E_H = K_H I B \cos\theta$,使其中两个量不变,将第三个量作为变量,或者固定其中一个量、其余两个量都作为变量,3 个量都作为变量,具有多种组合。

① 维持 I、θ 不变,则 $E_H = f(B)$。这方面的应用有测量磁场强度的高斯计、测量转速的霍尔转速表、磁性产品计数器、霍尔角编码器,以及基于微小位移测量原理的霍尔加速度计、微压力计等。

② 维持 I、B 不变,则 $E_H = f(\theta)$。这方面的应用有角位移测量仪等。

③ 维持 θ 不变,则 $E_H = f(IB)$,即传感器的输出 E_H 与 I、B 的乘积成正比。这方面的应用有模拟乘法器、霍尔功率计、电能表等。

1. 霍尔式压力计

霍尔式压力计由弹性元件、磁系统和霍尔元件等部分组成,磁系统最好用能构成均匀梯度磁场的复合系统,也可采用单一磁体,加压后,使磁系统和霍尔元件间产生相对位移,改变作用到霍尔元件上的磁场,从而改变输出电压 U_H。由校准的 $p \sim f(U_H)$ 曲线可得 p 值。

2. 角位移测量仪

角位移测量仪的结构示意图如图 3-47 所示。霍尔元件与被测物联动,而霍尔元件又在一个恒定的磁场中转动,于是霍尔电动势 E_H 就反映了转角 θ 的变化。

将图 3-47 中的铁芯气隙减小到夹紧霍尔 IC 的厚度,则 B 正比于 U_i,霍尔 IC 的 U_o 正比于 B,可以改造为霍尔磁场强度传感器。

3. 霍尔接近开关

霍尔接近开关如图 3-48 所示。在图 3-48(b) 中,磁极的轴线与霍尔接近开关的轴线在同一直线上。当磁铁随运动部件移动到距霍尔接近开关几毫

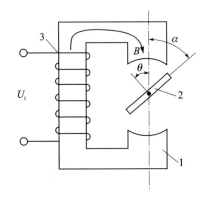

1—极靴;2—霍尔元件;3—励磁线圈

图 3-47 角位移测量仪的结构示意图

米时,霍尔接近开关的输出由高电平变为低电平,经驱动电路使继电器吸合或释放,控制运动部件停止移动(否则将撞坏霍尔接近开关)起到限位的作用。

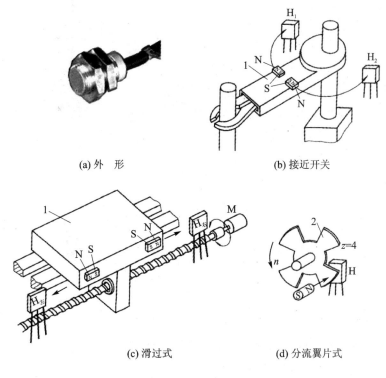

(a) 外　形　　　　　(b) 接近开关

(c) 滑过式　　　　　(d) 分流翼片式

1—运动部件;2—软铁分流翼片

图 3-48　霍尔接近开关

在图 3-48(d)中,磁铁和霍尔接近开关保持一定的间隙,均固定不动。软铁制作的分流翼片与运动部件联动,当它移动到磁铁与霍尔接近开关之间时,磁力线被屏蔽(分流),无法到达霍尔接近开关,所以此时霍尔接近开关的输出跳变为高电平。改变分流翼片的宽度可以改变霍尔接近开关的高电平与低电平的占空比。

4. 霍尔电流传感器

霍尔电流传感器的优点:能够测量直流电流,弱电回路与主回路隔离,能够输出与被测电流波形相同的"跟随电压",容易与计算机及二次仪表接口,准确度高、线性度好、响应时间快、频带宽,不会产生过电压等。

用一环形(有时也可以是方形)导磁材料作成铁芯,套在被测电流流过的导线(也称电流母线)上,将导线中电流感应产生的磁场聚集在铁芯中。在铁芯上开一与霍尔电流传感器厚度相等的气隙,将线性霍尔 IC 紧紧地夹在气隙中央。电流母线通电后,磁力线就集中通过铁芯中的线性霍尔 IC,线性霍尔 IC 就会输出与被测电流成正比的输出电压或电流。霍尔电流传感器的原理及外形如图 3-49 所示。

霍尔式传感器的其他用途:霍尔电压传感器、霍尔电能表、霍尔高斯计、霍尔液位计、霍尔加速度计等。

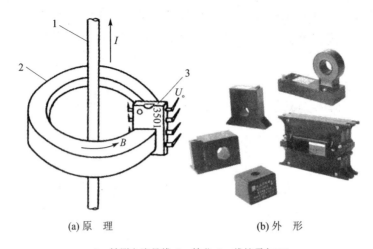

(a) 原理　　　　　　　(b) 外形

1—被测电流母线；2—铁芯；3—线性霍尔 IC

图 3-49　霍尔电流传感器的原理及外形

3.4.5　验证实验——霍尔式传感器性能测试

实验一　直流激励特性

1. 实验原理

霍尔元件是根据霍尔效应原理制成的磁电转换元件，当霍尔元件位于由两个环形磁钢组成的梯度磁场中时就成了霍尔位移传感器。

霍尔元件通以恒定电流时，就有霍尔电动势输出，霍尔电动势的大小正比于磁场强度（磁场位置），当所处的磁场方向改变时，霍尔电动势的方向也随之改变。

2. 实验所需器件

霍尔式传感器、直流稳压电源（2 V）、霍尔式传感器实验模块、电压表、螺旋测微仪。

3. 实验步骤

① 安装好霍尔式传感器实验模块上的梯度磁场及霍尔式传感器，连接主机与霍尔式传感器实验模块的电源及传感器接口，确认霍尔元件直流激励电压为 2 V，霍尔元件另一激励端接地，差动放大器增益 10 倍左右。

② 用螺旋测微仪调节精密位移装置使霍尔元件位于梯度磁场中间，并调节电桥直流电位器 W_D，使输出为零。

③ 从中点开始，调节螺旋测微仪，前后移动霍尔元件各 3.5 mm，每变化 0.5 mm 读取相应的电压值，并记入下表：

X/mm							0							
U_o/mV							0							

作出 U_o-X 曲线，求得灵敏度和线性工作范围。如果出现非线性情况，那么请查找原因。

4. 注意事项

直流激励电压只能是 2 V，不能接 ±2 V（4 V），否则锑化铟霍尔元件会烧坏。

实验二　交流激励特性

1. 实验目的

了解和掌握交流信号激励的霍尔式传感器测试系统的一般形式。

2. 实验所需器件

霍尔式传感器、音频信号源、霍尔式传感器实验模块、公共电路实验模块、螺旋测微仪、电压表、示波器。

3. 实验步骤

① 连接主机与霍尔式传感器实验模块的电源线,按照图 3-50 所示接好实验电路,差动放大器增益适当,音频信号输出从 180°端口(电压输出)引出,幅度 $U_{\text{p-p}} \leqslant 4 \text{ V}$,示波器两个通道分别接相敏检波器的①和②端。

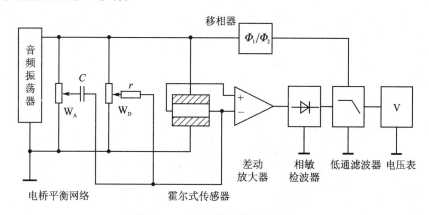

图 3-50　交流激励特性连接图

② 开启主机电源,按交流全桥的调节方式调节移相器及电桥,使霍尔元件位于磁场中间时输出电压为零。

③ 调节螺旋测微仪,带动霍尔元件在磁场中前后各移动 3.5 mm,将电压读数记入下表:

X/mm					0					
U_o/mV					0					

作出 U_o-X 曲线,求出灵敏度,并与直流激励测试系统进行比较。

4. 注意事项

交流激励信号勿从 0°端口或 LV 端口输出。

实验三　振幅测量

1. 实验所需器件

霍尔式传感器、音频信号源、低频信号源、激振器Ⅰ、直流稳压电源、霍尔式传感器实验模块、公共电路实验模块、示波器。

2. 实验步骤

① 将梯度磁场安装到主机振动平台旁的磁场安装座上,霍尔元件连加长杆插入振动平台旁的支座中,调整霍尔元件于梯度磁场中间位置。按"实验二　交流激励特性"连接实验连

接线。

② 激振器开关拨向"激振Ⅰ"侧，振动台开始起振，保持适当振幅，用示波器观察输出波形。

③ 提高振幅，改变频率，使振动平台处于谐振（最大）状态，示波器可观察到削顶的正弦波，说明霍尔元件已进入均匀磁场，霍尔电势不再随位移量的增加而增加。

④ 调节移相器、电桥，使低通滤波器输出的电压波形正负对称。

⑤ 接通"激振Ⅰ"，保持适当振幅，用示波器观察差动放大器和低通滤波器的波形，试解释激励源为交流且信号变化也是交流时需用相敏检波器的原因。

3.5 小制作——敲击式电子门铃

该敲击式电子门铃用压电传感器作为检测元件，当有客人来访时，只要用手轻轻敲门，室内的电子门铃就会发出清脆的"叮咚"声。图3-51所示为其电路原理图。

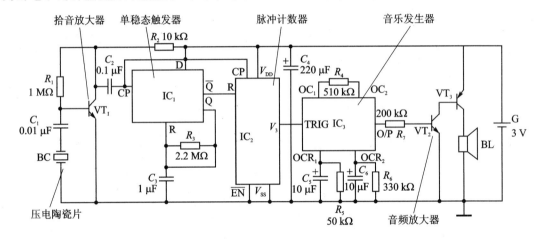

图3-51 敲击式电子门铃电路原理图

1. 工作过程

压电陶瓷片BC固定在房门内侧上，当有人敲门时，BC受到机械振动后，其两端产生感应电压（压电效应），该电压经VT_1放大后，作为触发电平加至IC_1和IC_2的CP端，使单稳态触发器翻转，IC_1的输出端输出低电平脉冲给IC_2的R端，IC_2开始对敲击脉冲进行计数。延时约1 s后，IC_1的输出端恢复为高电平，IC_2停止计数。当1 s内敲击脉冲超过3次时，IC_2的输出端会产生高电平脉冲，触发音乐发生器IC_3工作，IC_3的O/P端输出音乐电平信号，该信号经VT_2和VT_3放大后，推动扬声器BL发出"叮咚"声。

2. 元器件选择

$R_1 \sim R_7$均选用RTX-1/8W碳膜电阻器。

$C_1 \sim C_3$均选用涤纶电容器或独石电容器，$C_4 \sim C_6$均选用CD11-16V的电解电容器。

VT_1用9014或3DG8型硅NPN小功率三极管，要求电流放大系数$\beta \geq 150$；VT_2选用9013或3DG12、3DK4型硅NPN中功率三极管，要求电流放大系数$\beta \geq 100$；VT_3选用9012型硅PNP中功率三极管，要求电流放大系数$\beta \geq 50$。

IC$_1$ 选用 CD4013 双 D 触发器数字集成电路，IC$_2$ 选用 CD4017 十进制计数分频器数字集成电路，IC$_3$ 选用 KD2538 音乐集成电路。

BL 选用 0.25 W、8 Ω 微型电动式扬声器。

BC 用 Φ27 mm 的压电陶瓷片，如 FT-27 等型号。

G 用两节 5 号干电池串联而成，电压为 3 V。

3. 制　作

IC$_3$ 芯片通过 4 根 7 mm 长的元器件剪脚线插焊在电路板上；除压电陶瓷片 BC 外，焊接好的电路板连同扬声器 BL、电池 G（带塑料架）一起装入绝缘材料小盒内。

在盒面板上为 BL 开出拾音孔，盒侧面通过适当长度的双芯屏蔽线引出到压电陶瓷 BC。

在实际安装时，将压电陶瓷片 BC 通过 502 胶粘贴在大门背面正对个人常敲门的位置（一般离地面 1.4 m 左右），门铃盒则固定在室内墙壁上。至此，敲击式电子门铃制作完毕。

项目四 流量检测

流量是指单位时间内流过管道某截面流体的体积或质量。前者称为体积流量,后者称为质量流量。在一段时间内流过的流体的量称为总量,即瞬时流量对时间的累积。测总量的仪表叫作流体计量表或流量计。本项目将介绍差压式、容积式、速度式、振动式和电磁式流量计,以及超声波流量计。

4.1 流量的测量方法

液体和气体统称为流体。用 Q_V 表示体积流量,用 Q_m 表示质量流量,ρ 表示流体的密度,则体积流量和质量流量二者之间的关系为

$$Q_m = Q_V \cdot \rho$$

在时间 t 内,流体流过管道某截面的总体积流量为

$$Q'_V = \int_0^t Q_V \mathrm{d}t$$

总质量流量为

$$Q'_m = \int_0^t Q_m \mathrm{d}t$$

流量测量方法有以下几种:
① 节流差压法:利用节流件前后的差压与流速之间的关系,通过差压值获得流体的流速。
② 容积法:基于力平衡原理,通过锥形管内的转子把流体的流速转换成转子的转数。相应的流量检测仪表为转子流量计。
③ 速度法。
④ 流体阻力法。
⑤ 流体振动法。
⑥ 质量流量测量:分为直接式和间接式两种,具体如下:
第一种,直接式。
直接式质量流量检测方法利用检测元件,使输出信号直接反映质量流量。其主要有:利用标准孔板和定量泵组合实现的差压式检测方法,利用同轴双涡轮组合的角动量式检测方法,应用麦纳斯效应的检测方法,以及基于科里奥利力效应的检测方法等。
第二种,间接式。
间接式质量流量检测方法用两个检测元件分别测出两个相应参数,通过运算间接获取流体的质量流量。

4.2 差压式流量计

差压式流量计又叫节流式流量计,主要由两大部分组成:节流装置和差压计。差压式流量

计是根据安装于管道中流量检测件产生的差压,已知的流体条件与检测件和管道的几何尺寸来推算流量的仪表。差压式流量计由一次装置(检测件)和二次装置(差压转换和流量显示仪表)组成。通常根据检测件形式对差压式流量计进行分类,如孔板流量计、文丘里管流量计、均速管流量计等。其中,孔板流量计被广泛应用于煤炭、化工、交通、建筑、轻纺、食品、医药、农业、环境保护及人民日常生活等国民经济各个领域,是发展工农业生产,节约能源,改进产品质量,提高经济效益和管理水平的重要工具,在国民经济中占有重要的地位。在过程自动化仪表与装置中,流量仪表有两大功用:作为过程自动化控制系统的检测仪表和测量物料数量的总量表。

4.2.1 节流装置

流体流经节流装置(如标准孔板)时的节流现象如图 4-1 所示。

节流装置的组成

节流件:标准孔板、标准喷嘴、长径喷嘴、1/4 圆孔板、双重孔板、偏心孔板、圆缺孔板、锥形入口孔板等。

取压装置:环室、取压法兰、夹持环、导压管等,广泛应用于石油、化工、冶金、电力、供热、供水等领域的过程控制和测量。

水平管道装有标准孔板,当流体流经标准孔板时的流束及压力分布情况如图 4-2 所示。

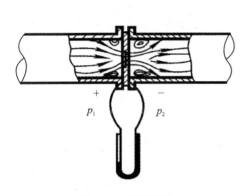

图 4-1 节流现象

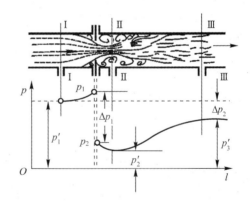

图 4-2 流束及压力分布情况

分析图 4-2 可得两点结论:① 流束收缩;② 产生静压差 Δp。

对于不可压缩流体的体积流量,其基本方程式为

$$Q_V = \alpha Re \sqrt{\frac{2}{\rho}(p_1 - p_2)} \quad (4-1)$$

式中:α——流量系数;

Re——雷诺数;

ρ——流体密度;

p_1、p_2——节流装置前后压力分布。

质量流量的基本方程式为

$$Q_m = \alpha Re \sqrt{2\rho(p_1 - p_2)} \quad (4-2)$$

其中,流量系数 α 与节流装置的形式、取压方式、雷诺数、节流装置开口截面比和管道内壁粗糙

度等有关。

图 4-3 所示是标准孔板的流量系数 α、流体雷诺数 Re 和孔板截面比 m 的实验关系曲线。图 4-4 所示是标准孔板在雷诺数大于界限雷诺数 Re_k 时的流量系数随 m 值变化的关系曲线。

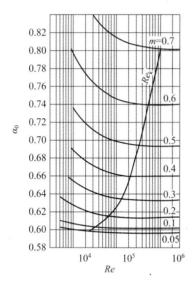

图 4-3　标准孔板的流量系数 α、流体雷诺数 Re 和孔板截面比 m 的实验关系曲线

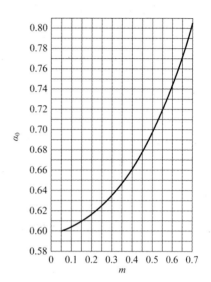

图 4-4　标准孔板在雷诺数大于界限雷诺数 Re_k 时的流量系数随 m 值变化的关系曲线

4.2.2　两种差压式流量计

1. 双波纹管差压计

双波纹管差压计主要由两个波纹管、量程弹簧、扭力管及外壳等部分组成。

2. 膜片式差压计

膜片式差压计主要由差压测量室、三通导压阀和差动变压器3部分组成，如图 4-5 所示。

4.2.3　标准节流装置

1. 全套标准节流装置

全套标准节流装置如图 4-6 所示，主要由上下游直管段、标准孔板、取压环室、导压管、连接法兰等部件组成。

其中，标准节流装置安装的正确与否直接影响其对测量的精确程度。应用时应注意以下几个条件：

① 流体必须充满圆管，并连续不断地流经节流装置；
② 流体在物理上和热力学上必须是均匀的单相流体；
③ 流体流经节流装置时不得发生相变；
④ 节流装置所测的流体必须是稳定流，或可看作是稳定的缓慢变化的流体，不适用于脉动流和临界的流量测量；
⑤ 流束必须与管道平行，不得有旋转流。

项目四　流量检测

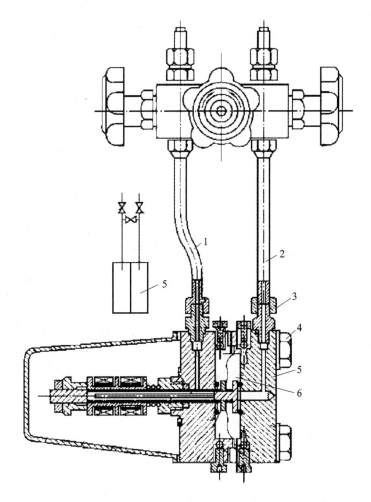

1—低压导管；2—高压导管；3—连接螺母；4—螺栓；5—高压容室；6—膜片

图4-5　膜片式差压计

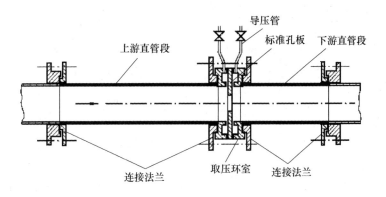

图4-6　全套标准节流装置

2. 安装基本要求

① 垂直度：节流件上游端面与管道轴线的垂直度不大于1°。

② 不同轴度：节流件应与管道同轴。

③ 直管段长度：节流装置应安装在两段有恒定横截面积的圆筒形直管段之间，最短直管段长度应随节流件形式、阻流件形式和直径比而异。

④ 取压口位置：节流装置安装在垂直管道上时，取压口的位置在取压装置的平面上可任意选择；节流装置安装在水平管道或倾斜管道上时，取压口的位置取决于被测介质的特性，详见"3. 安装示意"的内容。节流装置出厂时，取压口、导压管均设置在二螺栓孔之间。现场法兰焊接时应注意螺孔及取压口的相对位置。

⑤ 导压管：导压管应按被测流体的性质使用耐压、耐腐蚀的材料制造，其内径不得小于 6 mm，长度最好在 16 m 之内。不同流体不同长度下的最小内径按国家规定标准选择。导压管应垂直或倾斜敷设，其倾斜度不得小于 1:12；对于黏度较高的流体，其倾斜度还应增大；当差压信号传送距离大于 30 m 时，导压管应分段敷设，并在各最高点和最低点分别装设集气器（或排气阀）和沉降器（或排污阀）。为了避免差压信号失真，正、负压导压管应尽可能靠近敷设，严寒地区应加防冻设备。

⑥ 节流装置安装前管道必须用高压蒸气严格冲洗，防止运行时管内氧化物、焊渣等异物损坏节流件。

⑦ 节流装置表面应用软纱擦净表面，不得用砂纸、锉刀等工具损伤入口表面和锐口。

⑧ 节流装置现场吊装时，严禁用铁丝、钢丝、吊钩穿入节流件喉部孔径，以防锐口损伤，影响精度。

⑨ 节流装置使用一段时间后，由于液体中有固体颗粒，气体中有液体小滴或其他杂质，尖锐的入口将被磨钝，从而使流出系数增大，造成附加误差，此时应考虑调换节流件。

⑩ 节流装置长期使用后，在标准孔板上游侧下角容易堆积污物，这会使流出系数变化，因此要定期检查，排除污物。

3. 安装示意

① 当测量液体流量时，应将差压计安装在低于节流装置处，如图 4-7(a)所示。

② 当测量气体流量时，应将差压计安装在高于节流装置处，如图 4-7(b)所示。

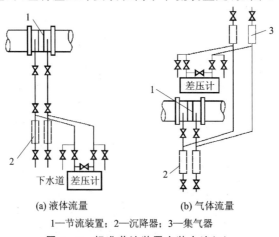

(a) 液体流量　　(b) 气体流量

1—节流装置；2—沉降器；3—集气器

图 4-7　标准节流装置安装方法(1)

③ 当测量黏性的、腐蚀性的或易燃的流体流量时,应安装隔离器,如图 4-8 所示。

④ 当测量蒸气流量时,差压计和节流装置之间的相对配置和测量气体流量时相同,如图 4-8(b)所示。

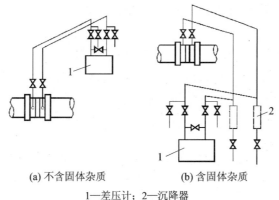

(a) 不含固体杂质　　(b) 含固体杂质

1—差压计;2—沉降器

图 4-8　节流装置安装方法(2)

4.2.4　取压方式

节流装置的取压方式,就标准孔板而言有 5 种:角接取压、法兰取压、径距取压、理论取压及管接取压;就喷嘴而言只有两种:角接取压和径距取压。

① 角接取压:上、下游侧取压孔轴心线与标准孔板(喷嘴)前后端面的间距各等于取压孔直径的一半,或等于取压环隙宽度的一半,因而取压孔穿透处与标准孔板端面正好相平。角接取压包括环室取压和单独钻孔取压。

② 法兰取压:上、下游侧取压孔中心线至标准孔板前后端面的间距为 $(25.4±0.8)$mm。

③ 径距取压:上游侧取压孔中心线与标准孔板(喷嘴)前端面的距离为 $1D$(D 是指管径),下游侧取压孔中心线与标准孔板(喷嘴)后端面的距离为 $\frac{1}{2}D$。

④ 理论取压:上游侧的取压孔中心线至标准孔板前端面的距离为 $(1±0.1)D$,下游侧的取压孔中心线至标准孔板后端面的间距随 $\beta=d/D$ 值的大小而异。

⑤ 管接取压:上游侧取压孔中心线距标准孔板前端面为 $2.5D$,下游侧取压孔中心线距标准孔板后端面为 $8D$。

对于以上 5 种取压方式,角接取压方式用得最多,其次是法兰取压方式。

以标准孔板为例,各种取压方式的取压孔位置如图 4-9 所示。

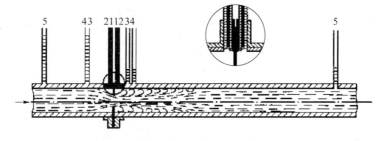

图 4-9　取压方式示意图(以标准孔板为例)

4.2.5 节流式流量检测

如果在管道中安置一个固定的阻力件,它的中间是一个比管道截面小的孔,那么当流体通过该阻力件的小孔时,由于流体流束的收缩而使流速加快、静压力降低,其结果是在阻力件前后产生一个较大的压力差。该压力差与流量(流速)的大小有关,流量越大,压力差也越大。因此,只要测出压力差就可以推算出流量。把流体通过阻力件时流束收缩所造成的压力变化的过程称为节流过程,其中的阻力件称为节流件。作为流量检测用的节流件有标准的和特殊的两种。标准节流件包括标准孔板、标准喷嘴和标准文丘里管。对于标准化的节流件,在设计计算时都有统一标准的规定、要求,以及计算所需的有关数据、图和程序,可直接按照标准制造、安装和使用,不必进行标定。

特殊节流件也称非标准节流件,它们可以利用已有实验数据进行估算,但必须用实验方法单独标定。特殊节流件主要用于特殊介质或特殊工况条件的流量检测。

4.3 容积式流量计

4.3.1 容积式流量计的工作原理

在单位时间内以尺度固定体积对流动介质持续进行度量,以排出流体的固定容积数来盘算流量。流量越大,度量的次数越多,输出的数量越大。压力变送器容积法受流体流动状况的影响较小,适用于测量高黏度、低雷诺数的流体。

根据回转体形的不同,目前出产的产品分为容积法的流量检测仪表、椭圆齿轮流量计、腰轮流量计、旋转活塞式流量计、刮板式流量计等。

4.3.2 常见结构

1. 椭圆齿轮流量计

椭圆齿轮流量计的结构示意图如图4-10所示。椭圆齿轮旋转一周,两个指定容积的流体流过。它适合于测量中小流量,其最大口径为250 mm。

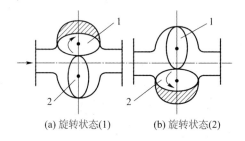

(a) 旋转状态(1)　　(b) 旋转状态(2)

1—齿轮1;2—齿轮2
图4-10　椭圆齿轮流量计的结构示意图

2. 腰轮流量计

腰轮流量计的结构示意图如图4-11所示。腰轮旋转一周,两个指定容积的流体流过。它可测量液体和气体,测液体的口径为10~600 mm,测气体的口径为15~250 mm,既可测小流量也可测大流量。

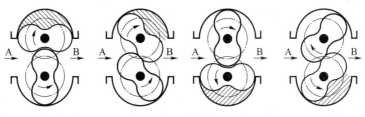

A—输入口；B—输出口

图 4-11 腰轮流量计的结构示意图

3. 旋转活塞式流量计

旋转活塞式流量计的结构示意图如图 4-12 所示，其中，A、B、C、D 代表 4 个叶片。活塞旋转一周，1 个指定容积的流体流过。它具有结构简单、工作可靠、精度高和受黏度影响小等特点，适合测量小流量。

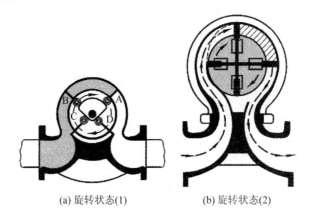

(a) 旋转状态(1)　　(b) 旋转状态(2)

图 4-12 旋转活塞式流量计的结构示意图

4. 刮板式流量计

刮板式流量计的结构示意图如图 4-13 所示。刮板旋转一周，4 个指定容积的流体流过。其具有测量精度高，量程比大，受流体黏度影响小，运转平稳，振动和噪音均小等特点，适合测量中等或较大的流量。

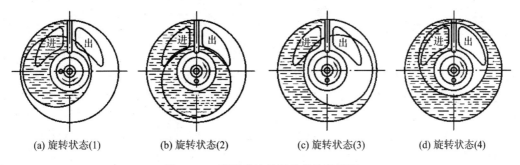

(a) 旋转状态(1)　　(b) 旋转状态(2)　　(c) 旋转状态(3)　　(d) 旋转状态(4)

图 4-13 刮板式流量计的结构示意图

4.4 速度式流量计

4.4.1 叶轮式流量计

叶轮式流量计是应用流体动量矩原理测量流量的装置。叶轮的旋转角速度与流量呈线性关系,测得旋转角速度就可测得流量值。常用的水表、煤气表均是按照这种原理工作的流量计。目前我国市场上供应的水表,其流量测定范围为 $3 \sim 1\,400 \text{ m}^3/\text{h}$,最大累计流量指示值达 10^8 m^3。常用的叶轮式流量计有切线叶轮式流量计、轴流叶轮式流量计、子母式流量计等类型。其中,自来水表就是典型的叶轮式流量计,其结构示意图如图 4-14 所示,它也可以测量气体流量。

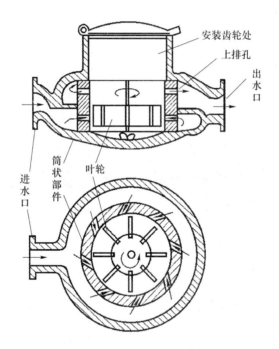

图 4-14 叶轮式流量计的结构示意图

4.4.2 涡轮式流量计

涡轮式流量计由传感器和显示仪表组成,传感器主要由磁电感应转换器和涡轮组成。流体流过传感器时,先经过前导流件,再推动铁磁材料制成的涡轮旋转。旋转的涡轮切割管形壳体上的磁电感应转换器的磁力线,磁路中的磁阻便发生周期性变化,从而感应出交流电信号。其结构示意图如图 4-15 所示。

信号的频率与被测流体的体积流量成正比,传感器的输出信号经前置放大后输送至显示仪表,进行流量指示和计算。涡轮转速信号还可用光电效应、霍尔效应等转换器检出。

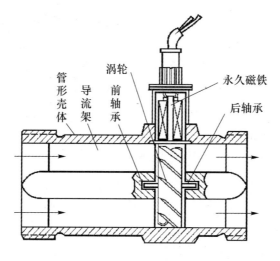

图 4-15 涡轮式流量计结构示意图

4.5 振动式流量计

4.5.1 旋涡流量计

1. 工作原理

当流体经过螺旋形的旋涡发生体时,流体自愿绕旋涡发生体中心猛烈地旋转,构成旋涡流。旋涡流减速,沿活动方向经收缩段,活动强度加强。当旋涡流进入扩散段后,在导流体回流的作用下,该旋涡发生二次旋转,二次旋涡的频率与流量成反比。该频率由压电传感器检测,经过流量计算仪停止运算和处置,显示流量的瞬时流量和累积总量。旋涡流量计的工作原理如图 4-16 所示。

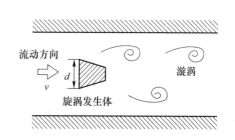

图 4-16 旋涡流量计的工作原理

当两旋涡列之间的距离 h 和同列的两个旋涡之间的距离 L 满足 $h/L=0.281$ 时,非对称的旋涡列就能保持稳定。此时,旋涡的频率 f 与流体的流速 v 及旋涡发生体的宽度 d 的关系如下:

$$f = S_t \frac{v}{d} \tag{4-3}$$

式中:S_t——斯特哈劳常数。

2. 旋涡频率的检测

旋涡频率的检测是通过旋涡检测器来实现的,常用的有两种形式:圆柱形和三棱柱形。圆柱形检测器和三棱柱形检测器如图 4-17 所示。

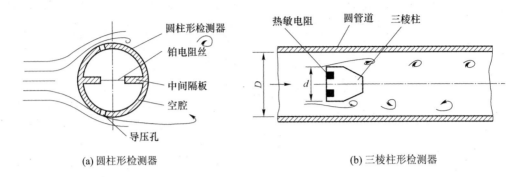

(a) 圆柱形检测器　　　　　　　　(b) 三棱柱形检测器

图 4-17　圆柱形检测器和三棱柱形检测器

4.5.2　旋进式旋涡流量计

当沿着轴向的流体流入传感器时,在漩涡发生体的作用下,被强制围绕中心线旋转,产生漩涡流,漩涡流在文丘利管中旋进,到达收缩段突然节流后,使漩涡流加速,当通过扩散段时,漩涡中心沿一锥形螺旋线振动。此时,漩涡中心通过检测点的进动频率与流体的流速成正比。由压电传感器检测到的漩涡流振动频率信号经放大、滤波、整形后,转换成流量值进行显示或信号选择。

4.6　电磁式流量计

4.6.1　电磁式流量计的工作原理

电磁式流量计是根据法拉第电磁感应定律制成的一种测量导电性液体的仪表。当导电流体在磁场中做切割磁力线方向运动时,会感应产生一个与磁场方向及流体流动方向相垂直的感应电动势,其值与磁感应强度及流体的流速成正比。电磁式流量计由传感器和转换器两部分组成,也可做成整体式(一体式)。

电磁式流量计原理图如图 4-18 所示,感应电势差与流速的关系为

$$U = BDv \quad (4-4)$$

式中：U——感应电动势；
　　　B——磁场强度；
　　　D——管道内径；
　　　v——流体流速。

由式(4-4)可得 $v = \dfrac{U}{BD}$,则体积流量为

$$Q_V = \frac{\pi D^2}{4} \cdot v = \frac{\pi D}{4B} U \quad (4-5)$$

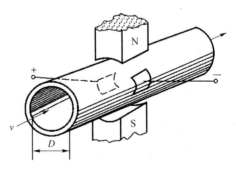

图 4-18　电磁式流量计原理图

4.6.2 设备结构

电磁式流量计的结构示意图如图 4-19 所示。

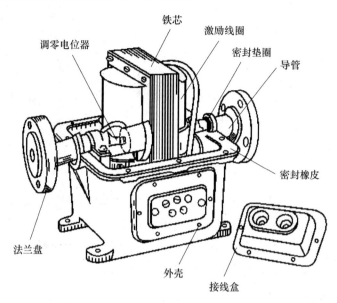

图 4-19 电磁流量计的结构示意图

电磁式流量计主要由测量管组件、磁路系统等部分组成。

测量管上下装有励磁线圈,通励磁电流后产生磁场穿过测量管,一对电极装在测量管内壁与液体相接触,引出感应电动势送到转换器,励磁电流则由转换器提供。转换器将传感器送来的流量信号进行放大,并转换成与流量信号成正比的标准信号输出,最终完成显示、记录和调节控制等功能。

1. 测量管组件

测量管位于传感器中心,它的材料及制造应满足下列要求:

① 必须由不导磁材料制成,以使磁力线进入被测介质;

② 一般还应由高阻抗材料构成,如玻璃钢或不锈钢,以减小涡电流带来的损耗;

③ 在使用金属做测量管(如不锈钢)时,整根测量管的内侧应涂有绝缘层或有衬垫绝缘套管,以避免流体中的电流被管壁短路。

2. 磁路系统

磁路系统的作用是要产生一个磁场,而产生的磁场波形由选用的励磁方式决定。励磁方式的不同直接影响仪表的抗干扰性。常用的励磁方式有直流励磁、正弦交流励磁和恒电流方波励磁 3 种。

(1) 直流励磁

利用永磁体或者直流电源励磁产生恒定磁场,简单可靠,受交流磁场干扰小。但其缺点是,直流感应电动势在两个电极表面形成固定的正负极性,引起被测介质电解,电极间电阻增大,感生的流量产生的电动势减小。所以,这种方式只适合于非电解质的导电液体(如液态金属)的测量。

（2）正弦交流励磁

利用正弦交流电给电磁流量传感器中的励磁绕组供电,产生交流正弦磁场,能避免直流励磁所带来的电极极化问题。其缺点是,会带来一系列的磁干扰和噪声,如差模干扰和共模干扰。

差模干扰:在相位上比流量信号滞后90°的干扰信号。产生的主要原因有两个:一是导电液体和外电路构成的闭合回路在交变磁场作用下产生感应电动势;二是被测导电流体形成流柱,在垂直于磁力线的轴向截面上产生涡电流。

共模干扰:频率相位与流量信号一致的干扰信号。产生的主要原因有两个:一是绝缘电阻和分布电容产生分压;二是杂散电流在地线上产生压降。

在实际应用中,可采用降低电源频率、严格电磁屏蔽、使用线路补偿、使用独立地线等方法来减小这些干扰的影响。

（3）恒电流方波励磁

励磁电流大小恒定,克服了直流励磁带来的电极极化问题,但线路较为复杂。

电磁式流量计的作用是,通过内部的线性放大器将传感器输出的毫伏级电压信号放大,并转换成标准电流、电压或频率输出,实现流量的显示、记录、计算等功能。此外,针对相应的励磁方式,电磁式流量计的内部电路还应包括抗干扰电路。

4.6.3　电磁式流量计的特点

电磁式流量计的主要优点:

① 电磁式流量计属于非接触性仪表,测量管是光滑直管,管内没有任何阻碍流体流动的节流元件,不会引起额外的压力损失,节能效果好,可用于测量各种黏度的液体,特别适于测量含固体颗粒的液固混合流,如纸浆、泥浆、污水等。此外,除电极外没有其他组件与液体直接接触,因此它还适于测量腐蚀性大的液体,由此形成了其独特的应用领域。

② 测量过程中不受被测介质的温度、黏度、密度等因素的影响,因此只需一次经水标定后就可用于测量其他导电液体的流量。

③ 电磁场的产生是极快的过程,因此电磁式流量计反应速度快,无机械惯性,可测量瞬时流量,还可测水平或垂直管道中两个轴向的流量。

④ 输出只与被测介质的流速有关,量程范围宽。

⑤ 应用口径范围大。小口径、微小口径常用于医药卫生等有卫生要求的场所;中小口径常用于高要求或难测场合,如造纸工业测量纸浆液;大口径多用于给排水工程。

当然,电磁式流量计也存在一些不足之处:不能测较高温度流量;不能测气体、蒸气以及含有大量气泡的液体;易受外界电磁干扰,造成输出精度受影响;结构复杂;成本较高。

4.6.4　电磁式流量计的选用和安装

1. 选　用

选择电磁式流量计时应综合考虑使用场合、被测介质、测量要求等因素。一般的化工、冶金、污水处理等行业可以选用通用型电磁式流量计,有爆炸性危险的场合则应选用防爆型电磁式流量计,医药卫生等行业则可选用卫生型电磁式流量计。

对于测量精度的选择应视具体情况而定,应在经济允许范围内追求精度等级高的流量计。

例如,一些高精度的电磁式流量计误差可以达到±(0.5%~1%),可用于昂贵介质的精确测量;而一些低精度的电磁式流量计成本较低,可用于对控制调节等一般要求的场合。

被测介质的腐蚀性、磨蚀性、流速、流量等因素也会影响电磁式流量计的选择,实际应用中应根据情况进行合理选择,具体可查询相关手册。

2. 安　装

安装时应注意以下几个问题:

① 避免安装在周围有强腐蚀性气体的场所;避免安装在周围有电机、变压器等可能带来电磁干扰的场所;如果测量对象是两相或多相流体,则应避免可能会使流体相分离的场所;避免安装在可能被雨水浸没的场所;避免阳光直射。

② 水平安装时,电极轴应处于水平位置,防止流体夹带气泡可能引起的电极短时间绝缘;垂直安装时,流动方向应向上,这样可使较轻颗粒上浮离开传感电极区。

③ 传感器应采取接地措施以减小干扰的影响。一般情况下,可通过参比电极或金属管将管中的流体接地,将传感器的接地片与地线相连。如果是非导电的管道或者没有参比电极,则可以将流体通过接地环接地。

4.7　超声波流量计

4.7.1　超声波流量计的工作原理

超声波流量计是用来测量封闭管路液体流量的,它的传感器是采用非接触、附着式的,这样就使其安装简单,易于操作。

超声波流量计的两个传感器具有收、发两用的特点。使用者将两个传感器按照一定距离附着在管道外侧即可,安装方式可以采用两次声程的V法、四次声程的W法,或者采用声波直接穿过被测管路的相对安装的Z法。

超声波流量计控制两个传感器轮流接收和发射超声波并测量其间的传播时间,计算时间差值,得到的时差与流体的流速成正比,其关系表达式如下:

$$v = \frac{MD}{\sin 2\theta} \times \frac{\Delta T}{T_{up} \times T_{down}} \quad (4-6)$$

式中:θ——声束与液体流动方向的夹角;

　　M——声束在液体的直线传播次数;

　　D——管道内径;

　　T_{up}——声束在正方向上的传播时间;

　　T_{down}——声束在逆方向上的传播时间。

其中,$\Delta T = T_{up} - T_{down}$。

4.7.2　典型用途

超声波流量计应用广泛,其典型用途如表4-1所列。

超声波流量计已成功地应用于各行业的计量工作,测量范围为20~6 000 mm。其最大的优势是不受系统的压力和恶劣环境的影响,这是因为它采用了非接触式测量,没有活动部件。

标准传感器的上限温度是 110 ℃。其典型参数如表 4-2 所列。

表 4-1 超声波流量计的典型用途

序 号	典型用途	序 号	典型用途
1	水、工业污水、海水	10	船体操作和维护
2	酸碱液	11	节能监测、节水管理
3	各种油类	12	造纸和制浆
4	给水和排水	13	泄漏检测
5	水资源检测	14	热力、供暖、供热
6	石油、化工	15	水泵、锅炉、冷却塔制造
7	食品和医药	16	流量、热量管理、监控网络系统
8	发电厂(核电、火力和水力)	17	流量巡检、流量跟踪和采集
9	冶金、矿山	18	热量测量、热量平衡

表 4-2 超声波流量计的典型参数

传感器		标准 TS-1 型,适用于管径 DN15~DN100 mm,流体温度≤110 ℃; 标准 TM-1 型,适用于管径 DN50~DN1000 mm,流体温度≤110 ℃; 标准 TL-1 型,适用于管径 DN300~DN6000 mm,流体温度≤110 ℃
超声波专用信号电缆		定制双绞线,一般情况下限于 20 m,特定场合单根可加长至 500 m,不推荐;选用 RS-485 通信接口,传输距离可达 1 000 m 以上
管道	管材	钢、不锈钢、铸铁、水泥管、铜、PVC、铝、玻璃钢等一切质密的管道,允许有衬里
	内径	15~6 000 mm
	直管段	传感器安装点最好满足:上游≥10D,下游≥5D,距泵出口处≥30D
流体	种类	水、海水、工业污水、酸碱液、酒精、啤酒、各种油类等能传导超声波的单一均匀的液体
	浊度	≤10 000×10^{-6} 且气泡含量小
	温度	标准传感器:-30~90 ℃; 高温传感器:-30~160 ℃
	流向	正反双向计量,并可以计量净流量
	流速	0~±30 m/s
工作环境	温度	主机:-20~60 ℃; 传感器:-40~110 ℃(大于此温度范围要求的请与厂家联系)
	湿度	主机:85%RH 传感器:可浸水工作,水深≤3 m
电源		镍氢电池,可连续工作 20 h 以上,或 AC 220 V
功耗		2 W
充电		采用智能充电方式,直接接入 AC 220 V,充足后自动停止,显示绿灯
体积		225 mm×180 mm×67 mm
质量		净重 2.0 kg(主机)
备注		配备高强度防护箱,可在野外、井下等恶劣环境中使用

4.7.3 安装超声波传感器

1. 安装原则

为了保证测量精度,选择测量点时要求选择流体流畅、分布均匀的部分,应遵循下列原则:
① 要选择充满流体的管段,如管段的垂直部分或管段的水平部分。
② 要保证测量点处的温度在可工作范围内。
③ 充分考虑管内壁结垢状况,尽量选择无结垢的管段进行测量。不能满足时,需把结垢考虑为衬里,以求较好的测量精度。
④ 选择管材均匀密致,易于超声波传输的管段。

首先选择管材致密部分进行传感器安装,将管外欲安装传感器的区域清理干净,除去一切锈迹油漆,如有防锈层也应去掉,最好用角磨机打光,再用干净抹布蘸丙酮或酒精擦去油污和灰尘,然后在传感器的中心部分和管壁涂上足够的超声波专用耦合剂,最后把传感器紧贴在管壁上捆绑好。

注意:
① 在传感器和管壁之间不能有空气泡及沙砾。
② 在水平管段上,要把传感器安装在管道截面的水平轴上以防管内上部可能存在气泡。
③ 安装传感器一般要求上游大于10D,下游大于5D,距泵出口或阀门处要大于30D,如图4-20所示。

传感器安装位置	与上游距离(D为管径)	与下游距离(D为管径)
直管段	10D	5D
缩径	10D	5D
扩径	10D	5D
弯头	12D	5D
弯头	20D	5D
阀门	20D	5D
水泵	30D	5D

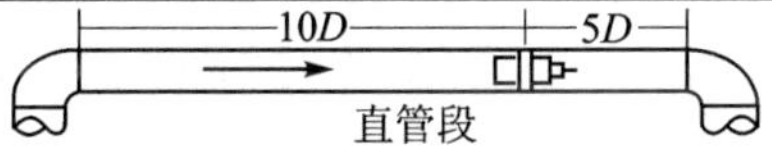

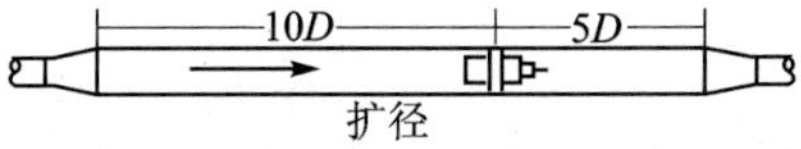

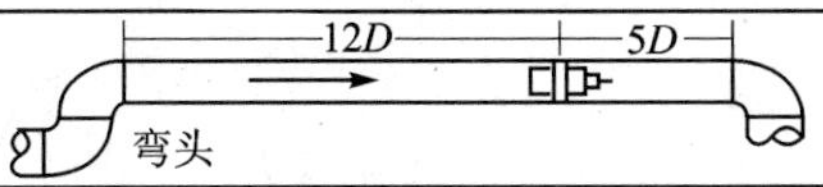

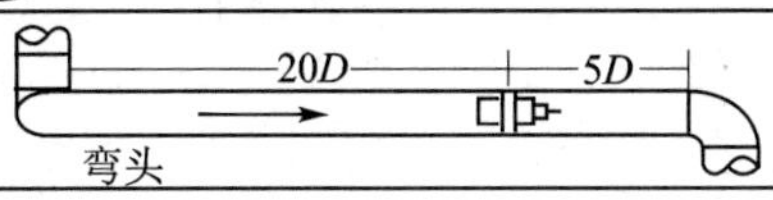

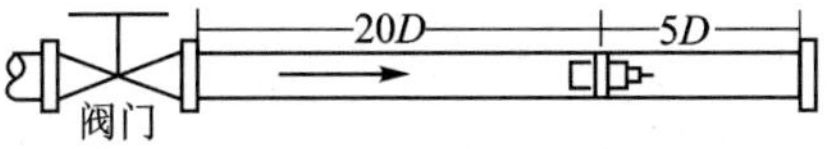

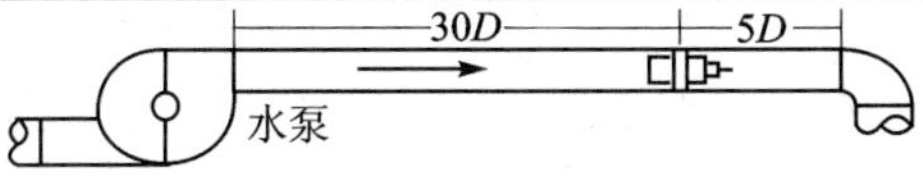

图4-20 超声波传感器安装位置示意图

2. 传感器安装方式

传感器共有 4 种安装方式,分别是 V 法、Z 法、N 法和 W 法。一般在小管径时(DN100～DN300 mm)可先选用 V 法;V 法测不到信号或信号质量差时则选用 Z 法;管径在 DN300 mm 以上或测量铸铁管时应优先选用 Z 法;W 法和 N 法是较少使用的方法,适合 DN50 mm 以下的细管道。

(1) V 法

一般情况下,V 法是标准的安装方法,使用方便,测量准确,可测管径范围为 25～400 mm,推荐在 20～300 mm 的管道上使用。安装传感器时,两个传感器应水平对齐,其中心线与管道轴线水平,如图 4-21 所示。

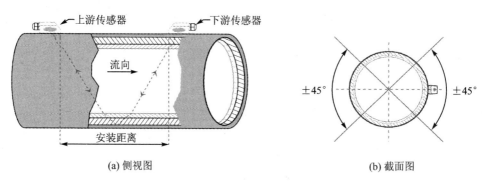

图 4-21 V 法示意图

(2) Z 法

当管道很粗或由于液体中存在悬浮物、管内壁结垢太厚或衬里太厚,造成 V 法安装信号弱,机器不能正常工作时,要选用 Z 法安装。原因是,使用 Z 法时,超声波在管道中直接传输,没有折射(称为单声程),信号衰耗小。

Z 法可测管径范围为 100～6 000 mm。实际安装流量计时,建议 300 mm 以上的管道都要选用 Z 法。Z 法示意图如图 4-22 所示。

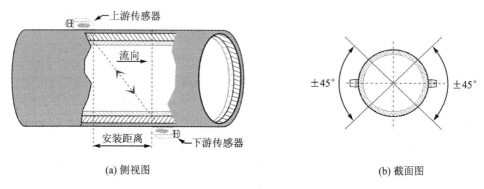

图 4-22 Z 法示意图

(3) W 法

W 法通过延长超声波传输距离的办法来提高小管测量精度,适用于测量 50 mm 以下的小管。使用 W 法时,超声波束在管内折射 3 次,穿过流体 4 次(4 个声程)。W 法示意图如

图 4-23 所示。

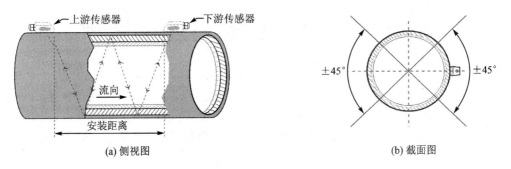

图 4-23 W 法示意图

（4）N 法

N 法是极少使用的一种安装方式,这里不再介绍,感兴趣的读者可自行查阅相关资料。

项目五　物位检测与厚度检测

物位是液位、料位和相界面的统称。对物位进行测量的传感器称为物位传感器,由此制成的仪表称为物位计。其中,液位是指开口容器或密封容器中液体介质液面的高低,相应的测试仪表称为液位计;料位是指固体粉状或颗粒物在容器中堆积的高度,相应的测试仪表称为料位计;相界面是指两种液体介质的分界面,其对应的仪表称为界面计。

物位检测的意义:经济核算;确定存储量,保证物料平衡;检查产品质量等。

物位检测的基本原理

① 力学原理:敏感元件所受到力(压力)的大小与物位成正比,包括静压式、浮力式和重锤式物位检测等。

② 相对变化原理:物位变化时,物位与容器底部或顶部的距离发生改变,通过测量距离的相对变化来获得物位信息。其包括声学法、微波法和光学法等。

③ 某物理量随物位的升高而增加,比如对射线的吸收强度、电容器的电容量等。

常见液位计的种类及特点如表 5-1 所列。

表 5-1　液位计的种类及特点

液位计种类		作用原理	主要特点
静压式	玻璃管液位计	连通器原理	结构简单、价格低廉,但易损坏、读数不明显
	压力表式液位计	液位高度与液柱静压成正比	适用于敞口容器,使用简单
	压差式液位计	基于液位升降时能造成液柱差的原理	敞口容器或密闭容器都能使用,但要注意"零点迁移"问题
浮力式	浮标液位计	浮标浮于液体中,随液面变化而升降	结构简单、价格低廉
	浮筒式液位计	浮筒在液体中受到浮力而产生的位移与液位变化成正比	结构简单、价格低廉
电气式	电容式液位计	置于液体中的电容,其值随液位高低而变化	测量滞后小,能远距离传输,但线路复杂,价格高
	电接点式液位计	应用电极等电装置,当液面超过规定值时,发出电信号	不能连续测量,用于要求不高的场合
超声波液位计		利用超声波在气体和液体中的衰减程度、穿透能力和辐射声阻抗等各不相同的性质	非接触测量,准确性高,惯性小,但成本高

本项目将详细介绍超声波传感器和核辐射传感器。

5.1 电气式物位检测

电气式物位检测是利用敏感元件把物位变化转换为电量参数的变化。根据电量参数的不同,可分为电阻式、电容式和电感式等。

1. 电容式物位计

电容式物位检测的基本原理是:将物位变化转换为插入电极构成的电容器电容量的变化。电容式物位计原理图如图5-1所示。

电容式物位计的组成:电极(敏感元件)、电容检测电路。

物位检测的关键:(电容的变化量较小)准确检测电容量。

常见的电容检测方法:交流电桥法、充放电法和谐振电路法等。

如图5-2所示,导电液体电容式物位计由两个长度为L,半径分别为R和r的圆筒金属导体组成。两圆筒间充以介电常数为ε_1的气体,若电极部分被介电常数为ε_2的液体浸没,设被浸没电极长度为H,则电容量C为

$$C = C_1 + C_2 = \frac{2\pi\varepsilon_1(L-H)}{\ln\frac{R}{r}} + \frac{2\pi\varepsilon_2 H}{\ln\frac{R}{r}} \tag{5-1}$$

$$C = C_0 + \Delta C \tag{5-2}$$

$$\Delta C = \frac{2\pi(\varepsilon_2 - \varepsilon_1)}{\ln\frac{R}{r}} H \tag{5-3}$$

式中:C_1——液体上方部分电容量;

C_2——液体下方部分电容量;

C_0——未插入前电容量;

ΔC——电容增量。

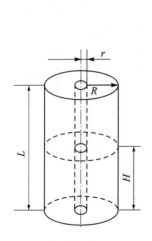

图5-1 电容式物位计原理图

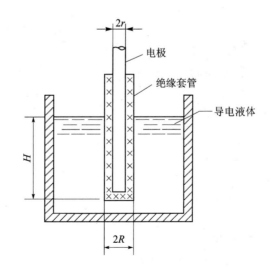

图5-2 导电液体电容式物位计原理图

若几何尺寸L、R和r保持不变,且介电常数不变,则电容增量ΔC与被介电常数为ε_2的

介质所浸没的电极高度 H 成正比。两种介质的介电常数差值($\varepsilon_2-\varepsilon_1$)越大，$\Delta C$ 越大，相对灵敏度就越高。

若被测介质为导电性液体,则电极将被导电液体短路。因此,电极要用绝缘材料覆盖,电容量为

$$C = C_0' + KH$$

式中：C_0'——液面上部分电容；

K——与高度成正比的电容系数。

2. 电阻式物位计

电阻式物位计的工作原理：由于液位变化而引起电极间电阻的变化,通过检测电阻的变化来反映液位情况,如图 5-3 所示。

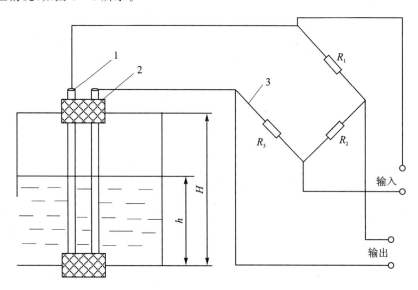

1—电阻棒；2—绝缘套；3—测量电桥

图 5-3 电阻式物位计原理图

两根电极：材料、截面积相同,具有大电阻率的电阻棒。电阻棒两端固定,并与容器绝缘。电阻棒插入液体后,其电阻大小为

$$R = 2\frac{\rho}{A}(H-h) \quad (5-4)$$

式中：H——电极整体长度；

h——进入液体的电极长度。

由式(5-4)可知,电阻的大小与液位的高度成正比。

3. 电感式物位计

电感式物位计的工作原理：利用电磁感应现象,液位变化将引起线圈电感变化,从而导致感应电流变化,如图 5-4 所示。

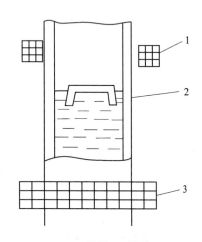

1,3—线圈；2—浮子

图 5-4 电感式物位计原理图

5.2 超声波传感器

5.2.1 超声波物理基础

演示:将超声波传感器浸入透明的杯子,可以看到水受到强烈的振动,形成喷泉和水雾。

结论:超声波的方向性强,能量集中。

1. 声波的本质和分类

声波是一种机械波,可分为3类:可闻声波、次声波和超声波。具体如下:

① 可闻声波:振动频率在 20 Hz~20 kHz 的范围内,可为人耳所感觉。

② 次声波:振动频率在 20 Hz 以下,人耳无法感知,但许多动物却能感知。例如,地震发生前的次声波会引起许多动物的异常反应。

③ 超声波:振动频率高于 20 kHz 的机械振动波。超声波的特点为指向性好、能量集中、穿透本领大,在遇到两种介质的分界面(比如钢板与空气的分界面)时,能产生明显的反射和折射现象,这一现象类似于光波。超声波的特性与频率的关系为,频率越高,其声场指向性就越好,与光波的反射、折散特性就越接近。

2. 超声波的传播方式

超声波的传播波形主要有纵波、横波、表面波等几种。

3. 声 速

声波的传播速度取决于介质的弹性系数、介质的密度以及声阻抗。几种常用材料的声速与密度、声阻抗的关系如表 5-2 所列。

表 5-2 常用材料的声速与密度、声阻抗的关系(环境温度为 0 ℃)

材 料	密度 $\rho/(10^3 \text{ kg} \cdot \text{m}^{-1})$	声阻抗 $z/(10 \text{ MPa} \cdot \text{s}^{-1})$	纵波声速 $c_L/(\text{km} \cdot \text{s}^{-1})$	横波声速 $c_S/(\text{km} \cdot \text{s}^{-1})$
钢	7.8	46	5.9	3.23
铝	2.7	17	6.3	3.1
铜	8.9	42	4.7	2.1
有机玻璃	1.18	3.2	2.7	1.2
甘油	1.26	2.4	1.9	—
水(20 ℃)	1.0	1.48	1.48	—
油	0.9	1.28	1.4	—
空气	0.001 2	0.000 4	0.34	—

从表 5-2 中可以看出:多数情况下,密度和声阻抗越大,声速就越快。

5.2.2 超声波传感器及耦合技术

超声波传感器又称超声波探头,按工作原理的不同可分为压电式、磁致伸缩式、电磁式等,在检测技术中主要采用压电式;按探头结构的不同,又分为直探头、斜探头、双探头、表面波探头、聚焦探头、冲水探头、水浸探头、空气传导探头以及其他专用探头等。超声波探头的结构示意图如图 5-5 所示。

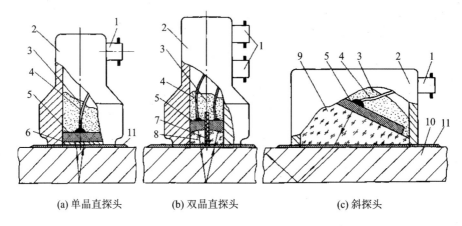

(a) 单晶直探头　　(b) 双晶直探头　　(c) 斜探头

1—接插件;2—外壳;3—阻尼吸收块;4—引线;5—压电晶体;6—保护膜;
7—隔离层;8—延迟块;9—有机玻璃斜楔块;10—试件;11—耦合剂

图 5-5　超声波探头的结构示意图

1. 以固体为传导介质的超声波探头

(1) 单晶直探头

发射过程:发射超声波时,将 500 V 以上的高压电脉冲加到压电晶片上,利用逆压电效应,使晶片发射出一束频率落在超声范围内、持续时间很短的超声振动波。

接收过程:超声波到达被测物底部后,其绝大部分能量被底部界面所反射。反射波经过一短暂的传播时间回到压电晶片,利用压电效应,晶片将机械振动波转换成同频率的交变电荷和电压。由于衰减等原因,该电压通常只有几十毫伏,必须加以放大,才能在显示器上显示出对应脉冲的波形和幅值。

所以,超声波的发射和接收虽然均是利用同一块晶片,但时间上有先后之分,所以单晶直探头处于分时工作状态。

(2) 双晶直探头

双晶直探头的结构比单晶直探头的复杂,但检测精度比单晶直探头的高,且超声信号的反射和接收的控制电路也比较简单。

(3) 斜探头

为了使超声波能倾斜入射到被测介质中,可使压电晶片粘贴在与底面成一定角度(如30°、45°等)的有机玻璃斜楔块上。当斜楔块与不同材料的被测介质(试件)接触时,超声波将产生一定角度的折射,可以倾斜入射到试件中去。

2. 以空气为传导介质的超声波探头

以空气为传导介质的超声波探头的发射器的压电片上必须粘贴一只锥形共振盘,以提高发射效率和方向性,其结构示意图如图 5-6(a) 所示。

以空气为传导介质的超声波探头的接收器在共振盘上还增加了一只阻抗匹配器,以滤除噪声提高接收效率,其结构示意图如图 5-6(b) 所示。

空气传导的超声发射器和接收器的有效工作范围为几米至几十米。

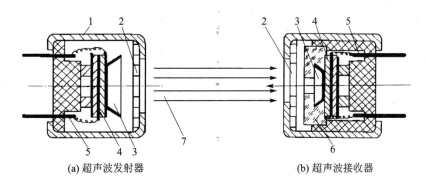

1—外壳；2—金属丝网罩；3—锥形共振盘；4—压电晶片；5—引脚；6—阻抗匹配器；7—超声波束

图 5-6　空气传导型超声波探头的发射器和接收器的结构示意图

3. 耦合剂

使用耦合剂的原因：① 将接触面之间的空气排挤掉，使超声波顺利入射到被测介质中；② 防止磨损。

常用的耦合剂：水、机油、甘油、水玻璃、胶水、化学浆糊等。

5.2.3　超声波传感器的应用

1. 超声波测厚

常见的测厚设备有：电感测微器（分辨力可达 $0.5~\mu m$）、电涡流测厚仪（测 $0.1~mm$ 以内的金属厚度）、数显电容式游标卡尺（分辨力可达 $10~\mu m$）。

超声波测厚仪的优点：量程范围大、无损、便于携带等。其缺点：测量精度与温度、材料材质有关。超声波测厚仪原理图如图 5-7 所示。

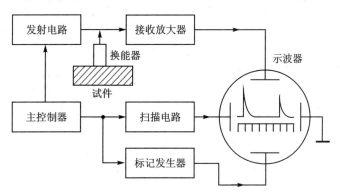

图 5-7　超声波测厚仪原理图

只要在从发射到接收这段时间内使计数电路计数，便可达到数字显示的目的。

2. 超声波测量液位和物位

（1）原　理

原理：从发射至接收到被测物位界面反射的回波时间间隔来确定物位高低。如图 5-8 所示，向液面发射的短促脉冲在液面处反射，回波被置于容器底部的发射器接收。若超声波发射器和接收器到液面的距离为 H,声波在液体中的传播速度为 v,则 $H=\dfrac{1}{2}vt$。

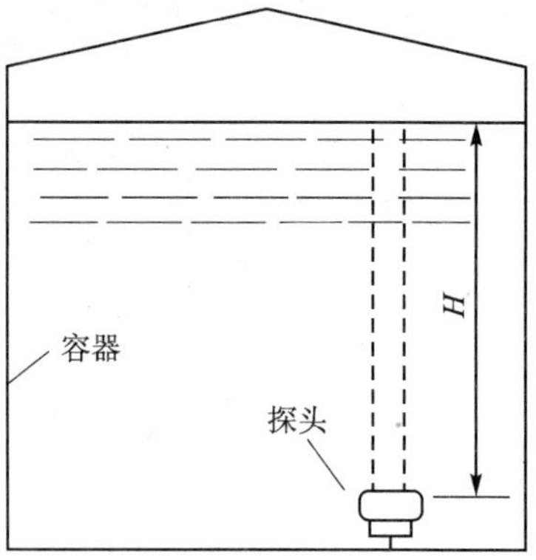

(2) 探头安装方式

探头安装方式有两种:自发自收单探头方式和一发一收双探头方式。具体如下:

- 自发自收单探头方式:
  - 液介式,探头固定安装在最低液位之下,如图 5-9(a)所示;
  - 气介式,探头安装在最高液位之上,如图 5-9(b)所示;
  - 固介式,把一根传声固体棒插入液体中,上端高出最高液位,探头安装在固体棒上端,如图 5-9(c)所示。
- 一发一收双探头方式:
  - 双探头液介式,低液位产生较大计算误差,如图 5-9(d)所示;
  - 双探头气介式,如图 5-9(e)所示;
  - 双探头固介式,如图 5-9(f)所示。

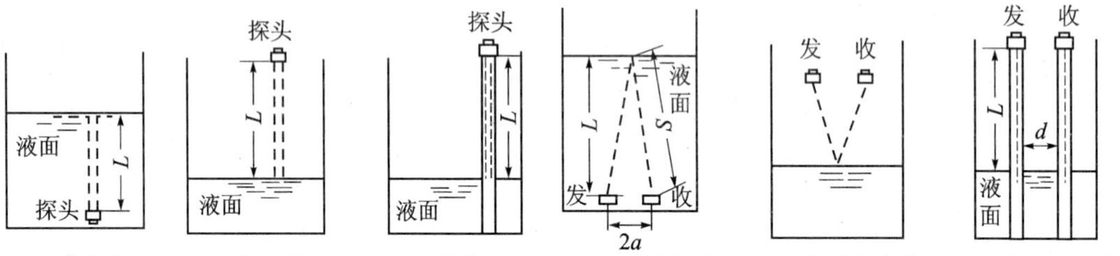

图 5-8 超声波液位检测原理

(a) 液介式 (b) 气介式 (c) 固介式 (d) 双探头液介式 (e) 双探头气介式 (f) 双探头固介式

图 5-9 探头安装方式

(3) 超声波液位计示例

例 5-1 超声波液位计原理图如图 5-10 所示,从显示屏上测得 $t_0=2$ ms, $t_{h_1}=5.6$ ms。已知水底与超声波探头的间距为 10 m,反射小板与探头的间距为 0.34 m,求液位 h。

解: 由于

$$\dfrac{h_0}{t_0}=\dfrac{h_1}{t_{h_1}}$$

所以

$$h_1=\dfrac{t_{h_1}}{t_0}h_0=(5.6\times 0.34/2)\text{m}=0.952\text{ m}$$

所以液位 h 为

$$h=h_2-h_1=(10-0.952)\text{m}=9.048\text{ m}$$

由于空气中的声速随温度改变会造成温漂,所以在传送路径中还设置了一个反射性良好的小板作为标准参照物,以便计算修正。

上述方法除了可以测量液位外,还可以测量粉体和粒状体的物位。

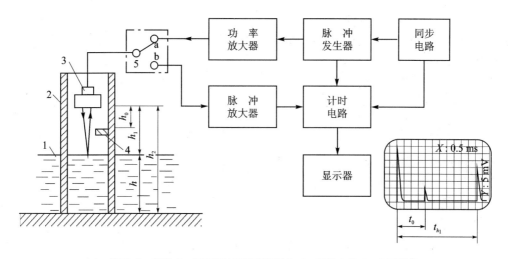

1—液面；2—直管；3—空气传导型超声波探头；4—反射小板；5—电子开关

图5-10 超声波液位计原理图

3. 超声波防盗报警器

图5-11所示为超声波防盗报警器原理图,上半部分为发射部分,下半部分为接收部分,两部分装在同一块线路板上。发射器发射出频率 $f=40\ kHz$ 左右的连续超声波(空气传导型超声波探头选用 $40\ kHz$ 的工作频率,可获得较高灵敏度,也可避开环境噪声干扰)。如果有人进入信号的有效区域,相对速度为 v,那么从人体反射回接收器的超声波将由于多普勒效应而发生频率偏移 Δf。

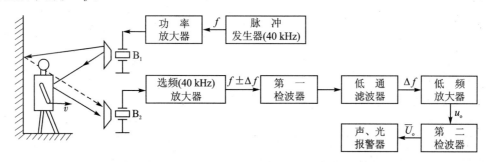

图5-11 超声波防盗报警器原理图

(1) 多普勒效应

当超声波源与传播介质之间存在相对运动时,接收器接收到的频率与超声波源发射的频率将有所不同,产生的频偏 $\pm\Delta f$ 与相对速度的大小及方向有关。例如:当高速行驶的火车逼近和掠过时,产生的变调声就是多普勒效应所引起的。

(2) 接收器的电路原理

压电喇叭收到两个不同频率所组成的差拍信号($40\ kHz$ 以及偏移的频率 $40\ kHz\pm\Delta f$),这些信号由 $40\ kHz$ 选频放大器放大,并经检波器检波后,由低通滤波器滤去 $40\ kHz$ 的信号,而留下 Δf 的多普勒信号。此信号经低频放大器放大后,由检波器转换为直流电压,去控制报警扬声器或指示器。

(3) 利用多普勒原理的好处

利用多普勒原理的好处:可以排除墙壁、家具的影响(它们不会产生 Δf),只对运动的物体起作用。由于振动和气流也会产生多普勒效应,故该防盗报警器多用于室内。

根据本装置的原理,还能运用多普勒效应去测量运动物体的速度,液体、气体的流速,以及防止汽车的碰撞和追尾等。

5.2.4 无损探伤

1. 无损探伤的基本概念

无损探伤一般有 3 种含义:
① 无损检测(Nondestructive Testing,NDT);
② 无损检查(Nondestructive Inspection,NDI);
③ 无损评价(Nondestructive Evaluation,NDE)。

其中,NDT 只是检测出缺陷,NDI 则以 NDT 结果为判定基础,而 NDE 则是对被测对象的完整性、可靠性等进行综合评价。近年来,无损探伤已逐步从 NDT 向 NDE 过渡。

无损检测的方法如下:

① 对铁磁材料,可采用磁粉检测法;对导电材料,可采用电涡流法;对非导电材料,可采用荧光染色渗透法。这几种方法只能检测材料表面及接近表面的缺陷。

② 采用放射线(X 光、中子、δ 射线)照相检测法可以检测材料内部的缺陷,但对人体有较大的危险,且设备复杂,不利于现场检测。

除了上述方法之外,还有红外、激光、声发射、微波、计算机断层成像技术(CT)探伤等方法。

超声波检测和探伤是目前应用广泛的无损探伤手段。其特点是,既可检测材料表面的缺陷,又可检测材料内部几米深的缺陷,这是 X 光探伤所达不到的深度。

2. 超声波探伤的分类

超声波探伤分为 A、B、C 等几种类型,具体如下:

(1) A 型超声波探伤

A 型超声波探伤的结果以二维坐标图的形式给出,横坐标为时间轴,纵坐标为反射波强度。我们可以从二维坐标图上分析出缺陷的深度及大致尺寸,但较难识别缺陷的性质和类型。

A 型超声波探伤采用超声脉冲反射法,根据波形的不同可分为纵波探伤、横波探伤和表面波探伤等。A 型超声波探伤仪外形如图 5-12 所示。

1) 纵波探伤的方法

测试前,先将探头插入探伤仪的连接插座上。探伤仪面板上有一个荧光屏,通过荧光屏可知工件中是否存在缺陷、缺陷的大小及缺陷的位置。工作时探头放于被测工件上,并在工件上来回移动进行检测。探头发出的超声波以一定的速度向工件内部传播,如果工件中没有缺陷,则超声波传到工件底部便产生反射,反射波到达表面后再次向下反射,周而复始,在荧光屏上将出现始脉冲 T 和一系列底脉冲 B_1,B_2,B_3,……如图 5-13 所示。B 波的高度与材料对超声波的衰减有关,可用于判断试件的材质、内部晶体粗细等微观缺陷。

现在来分析图 5-13(b):

① 荧光屏上的水平亮线为扫描线(时间基线),其长度与工件的厚度成正比(可调整);

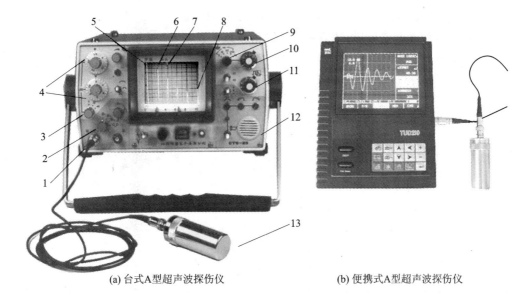

(a) 台式A型超声波探伤仪　　　　　　(b) 便携式A型超声波探伤仪

1—电缆插座；2—工作方式选择；3—衰减细调；4—衰减粗调；5—发射波 T；
6—第一次底反射波 B_1；7—第二次底反射波 B_2；8—第五次底反射波 B_5；9—扫描时间调节；
10—扫描时间微调；11—脉冲 X 轴移位；12—报警扬声器；13—直探头

图 5-12　A 型超声波探伤仪外形

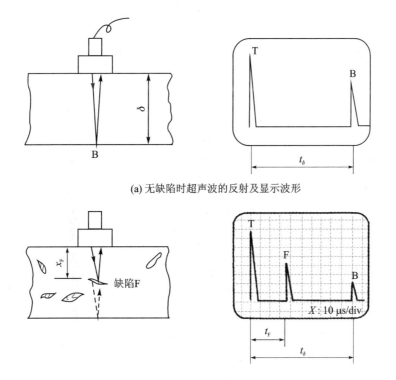

(a) 无缺陷时超声波的反射及显示波形

(b) 有缺陷时超声波的反射及显示波形

图 5-13　纵波探伤示意图

② 缺陷面积越大，缺陷脉冲 F 的幅度越高，而脉冲 B 的幅度就越低；
③ 脉冲 F 距离脉冲 T 越近，缺陷距离表面就越近。

2) 例题解析

例 5-2 在图 5-13(b)中，显示器的 X 轴为 10 μs/div(格)，测得脉冲 B 与脉冲 T 的距离为 10 格，脉冲 F 与脉冲 T 的距离为 3.5 格。求：① t_F 及 $t_δ$；② 钢板的厚度 δ 及缺陷与表面的距离 x_F。

解：① $t_δ = 10$ μs/div $× 10$ div $= 100$ μs $= 0.1$ ms，$t_F = 10$ μs/div $× 3.5$ div $= 35$ μs $= 0.035$ ms。

② 可查得纵波在钢板中的声速 $c = 5.9 × 10^3$ m/s，有

$$δ = t_δ × c/2 = (0.1 × 10^{-3} × 5.9 × 10^3/2)\text{m} ≈ 0.3 \text{ m}$$

$$x_F = t_δ × c/2 = (0.035 × 10^{-3} × 5.9 × 10^3/2)\text{m} ≈ 0.1 \text{ m}$$

(2) B 型超声波探伤

B 型超声波探伤的原理类似于医学上的 B 超，它将探头的扫描距离作为横坐标，探伤深度作为纵坐标，以屏幕的辉度(亮度)来反映反射波的强度。它可以绘制被测材料的纵截面图形。探头的扫描可以是机械式的，更多的是用计算机来控制一组发射晶片阵列(线阵)来完成与机械式移动探头相似的扫描动作，但其扫描速度更快，定位更准确。

(3) C 型超声波探伤

C 型超声波探伤的原理类似于医学上的 CT 扫描原理。计算机控制探头中的三维晶片阵列(面阵)，使探头在材料的纵、深方向上扫描，因此可绘制出材料内部缺陷的横截面图，这个横截面与扫描声束相垂直。横截面图上各点的反射波强通过相对应的几十种颜色，在计算机的高分辨率彩色显示器上显示出来。经过复杂的算法，可以得到缺陷的立体图像和每一个断面的切片图像。

C 型超声波探伤的特点：利用三维动画原理，可以在屏幕上控制该立体图像，以任意角度来观察缺陷的大小和走向；当需要观察缺陷的细节时，还可以对该缺陷图像进行放大(放大倍数可达几十倍)，并显示出图像的各项数据，如缺陷的面积、尺寸和性质；对每一个横断面都可以做出相应的解释以及评判其是否超出设定标准；每一次扫描的原始数据都可记录并存储，可在以后的任何时刻调用，并打印探伤结果。

5.2.5 验证实验——超声波测距离实验

1. 测量原理

声波的波峰与波峰之间的距离称为一个波长 λ；波长与声波频率成反比，与声波传播速度成正比，公式为

$$λ = \frac{c}{f} \tag{5-5}$$

式中：c——声波传播速度；
　　　f——声波频率。

超声波在空气中以纵波的方式传播，气体中的纵波声速公式为

$$c = \sqrt{\frac{yP_0}{ρ}} \tag{5-6}$$

式中：ρ——密度；

P_0——静态压力；

y——热容比；

c——声波传播速度，约为 344 m/s。

2. 实验原理

超声波测距实验原理图如图 5-14 所示。发射头内部安装有超声波发射探头，安装在标尺滑轨一端，另一端的接收头内部安装有超声波接收探头，两端均可在标尺滑轨上自由滑动。打开测距仪电源开关后，电源指示灯亮，测距仪开始工作；测距仪每隔 2 s，由发射头发出一超声波脉冲，接收头接收超声波脉冲，如果正确接收到超声波脉冲，测距仪将显示测量结果，否则显示"----"。超声波发射探头和超声波接收探头是两个结构略有差异的电声传感器，其工作频率均为 40 kHz。

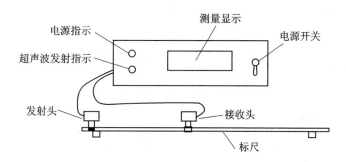

图 5-14 超声波测距离实验原理图

3. 实验操作

打开测距仪的电源开关，电源指示灯亮；超声波发射指示灯有规律地闪烁，表示发射头正间隔性地发射出超声波脉冲；移动接收头在道轨上的位置，记录下测距仪的显示结果和发射头和接收头之间的实际距离。

按下实验台上的"时间/距离转换开关"，则测距仪显示由距离转换为时间，可根据超声波在空气中的传播速度与仪器显示的发射-接收时间计算出两探头之间的距离，并与测距仪直接显示的距离进行比较。

按下实验台上的"显示微调"可以调节距离显示值。测距仪的最小测距范围应大于或等于 5 cm。

4. 实验数据

将实验数据写入以下表格：

测距仪显示/cm						
测量距离/cm						

5. 注意事项

超声波探头工作时应避免剧烈振动，否则会使数字显示发生跳动。移动探头时请推移螺丝，切不可用力拉扯探头连接线，以免造成仪器故障。

5.3 核辐射传感器

核辐射传感器的测量原理是基于核辐射粒子的电离作用、穿透能力、物体吸收、散射和反射等物理特性。这里讨论的核辐射物位仪表就是利用射线透过物料时其强度随作用物质的厚度(或高度)变化而变化的原理。工作中仪表各部件与被测物料不接触,故测量过程是非接触式的,因此特别适用于密闭容器中高温、高压、高黏度、强腐蚀、剧毒物料料位的测量,对于液态、固态、粉态等物理状态下的料位测量有很好的适用性。

5.3.1 核辐射检测的物理基础

1. 同位素

在核辐射传感器中,常采用 α、β、γ 和 X 射线的核辐射源,产生这些射线的物质通常是放射性同位素。

放射性同位素:原子序数相同,原子质量不同的元素。这些同位素在没有外力的作用下能自动发生衰变,衰变中释放出上述射线。其衰减规律为

$$a = a_0 e^{-\lambda t} \tag{5-7}$$

式中:a_0——初始能量。

核辐射检测的要求:使用半衰期比较长的同位素,放射出来的射线要有一定的初始辐射能量。

半衰期:指放射性同位素的原子核数衰变到一半所需要的时间,这个时间又称为放射性同位素的寿命。

2. 核辐射

核辐射:当放射性同位素衰变时,放射出具有一定能量和较高速度的粒子束或射线,其主要有 4 种:α 射线、β 射线、γ 射线和 X 射线。

α、β 射线:带正、负电荷的高速粒子流。

γ 射线:不带电,以光速运动的光子流从原子核内放射出来。

X 射线:原子核外的内层电子被激发射出来的电磁波能量。

某种放射性同位素的核辐射强度表示为

$$I = I_0 e^{-\lambda t} \tag{5-8}$$

由式(5-8)可知,核辐射强度是以指数规律随时间减弱的。通常以单位时间内发生衰变的次数表示放射性的强弱。

辐射强度的单位用 Ci(居里)表示:1 Ci 的辐射强度就是辐射源 1 s 内有 3.7×10^{10} 次核衰变。其中,1 Ci(居里) = 10^3 mCi(毫居里) = 10^6 μCi(微居里),在检测仪表中常用 mCi 或 μCi 作为计量单位。

3. 核辐射与物质间的相互作用

(1) 电离作用(电离作用与穿透能力是一对矛盾)

当具有一定能量的带电粒子穿透物质时,在这个过程中就会产生电离作用,形成许多离子对。电离作用是带电粒子和物质相互作用的主要形式。

α 粒子(射线):由于能量、质量和带电量大,故电离作用最强,但射程(带电粒子在物质中

穿行时能量耗尽前所经过的直线距离)较短。

β粒子：质量小，电离能力比同样能量的α粒子要弱。由于β粒子易于散射，所以其行程是弯曲的。

γ粒子：几乎没有直接的电离作用。

在辐射线的电离作用下，每秒产生的离子对的总数，即离子对形成的频率表示为

$$f_e = \frac{1}{2} \frac{E}{E_d} C \cdot I \tag{5-9}$$

式中：E——带电粒子的能量；

E_d——离子对的能量；

I——辐射源的强度；

C——辐射源强度为 1 Ci 时，每秒放射出的粒子数。

(2) 核辐射线的吸收、散射和反射

α、β、γ射线穿透物质的过程中，一部分粒子能量被物质吸收，另一部分粒子能量被散射掉，能量将按下述关系式衰减：

$$I = I_0 e^{-\mu h} \tag{5-10}$$

式中：I、I_0——分别为射线穿透物质前、后的辐射强度；

h——穿透物质的厚度；

μ——物质对射线的吸收系数。

穿透能力：3 种射线中，γ射线穿透能力最强（电离能力最弱），β射线次之，α射线最弱。当β射线穿透物质时，容易改变其运动方向而产生散射现象。当产生相反方向的散射时，即出现了反射现象。反射的大小取决于散射物质的性质和厚度。β射线的散射随物质的原子序数增大而加大。当原子序数增大到极限情况时，投射到反射物质上的粒子几乎全部反射回来。

反射的大小与反射物质的厚度有如下关系：

$$I_h = I_m (1 - e^{-\mu_h h}) \tag{5-11}$$

式中：I_h——当反射物质的厚度为 h(mm) 时，放射线被反射的强度；

I_m——当 h 趋向无穷大时的反射强度，与原子序数有关；

μ_h——辐射能量的常数。

5.3.2 核辐射探测器

由 5.3.1 小节可知，γ射线是一种从原子核内发射出来的电磁辐射，与α和β射线相比受物质吸收较小，在物质中的穿透能力较强，不仅能穿过数百米的气体，而且能穿过几十厘米厚的固体物质。虽然γ射线对人体存在有害作用，但其伤害有限，在妥善防护之下并无危险。

探测器就是核辐射的接收器，它是核辐射传感器的重要组成部分，其用途是将核辐射信号转换成电信号，从而探测出射线的强弱和变化。核辐射探测器主要有电离室、盖格计数管（气体放电计数管）和闪烁计数器等。

1. 电离室

图 5-15 所示为电离室示意图。电离室两侧设有二块平行极板，对其加上极化电压 E，使二极板间形成电场。当有粒子或射线射向二极板间空气时，空气分子被电离成正、负离子。带

电离子在电场作用下形成电离电流,并在外接电阻 R 上形成压降,测量此压降值即可得到核辐射的强度。电离室主要用于探测 α、β 粒子,它具有坚固、稳定、成本低、寿命长等优点,但输出电流很小。

2. 盖格计数管

正离子到达阴极时得到一定的动能,能从阴极打出次级电子。由于此时阳极附近的电场已恢复,次级电子又能再一次产生正离子和电压脉冲,从而形成连续放电。若在盖格计数管内加入少量有机分子蒸气或卤族气体,则可以避免正离子在阴极产生次级电子,而使放电自动停止。盖格计数管结构如图 5-16 所示。

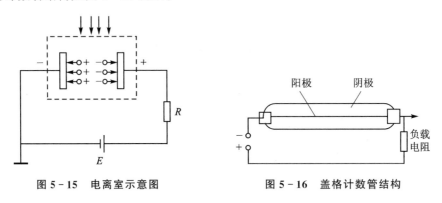

图 5-15 电离室示意图　　　　图 5-16 盖格计数管结构

盖格计数管的特性曲线如图 5-17 所示,图中 I_1、I_2 代表入射的核辐射强度,$I_1 > I_2$。由图 5-17 可见,在相同外电压 U 下不同的辐射强度将得到不同的脉冲数 N。盖格计数管常用于探测 β 粒子和 γ 射线。

3. 闪烁计数器

闪烁计数器示意图如图 5-18 所示,当核辐射进入闪烁晶体时,晶体原子受激发光,透过晶体射到光电倍增管的光阴极上,根据光电效应在光阴极上产生的光电子在光电倍增管中倍增,在阳极上形成电流脉冲,即可用仪器指示或记录。

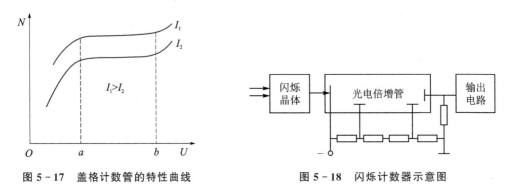

图 5-17 盖格计数管的特性曲线　　　　图 5-18 闪烁计数器示意图

5.3.3 核辐射传感器的应用

1. 核辐射测厚仪

核辐射测厚仪的结构示意图如图 5-19 所示。

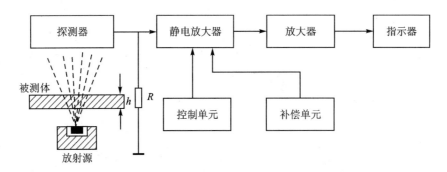

图 5-19 核辐射测厚仪的结构示意图

2. 核辐射物位计

不同介质对 γ 射线的吸收能力不同,一般的,固体最强,液体次之,气体最差。当射线射入厚度为 h 的介质时,会有一部分被介质吸收掉。透过介质的射线强度 I 与入射强度 I_0 之间有如下关系(如前所述):

$$I = I_0 e^{-\mu h} \quad (5-12)$$

式中:I、I_0——分别为射线穿透物质前、后的辐射强度;

h——穿透物质的厚度;

μ——物质对射线的吸收系数。

因此,测液位可通过测量射线在穿过液体时强度的变化量来实现。核辐射液位计的结构示意图如图 5-20 所示。

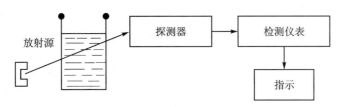

图 5-20 核辐射液位计的结构示意图

其中,探测器由闪烁体、光电倍增管、前置放大电路组成,安装在被测容器另一侧,射线由闪烁计数器吸收(盖格计数管和电离室在工业实际应用中很少)。射线越强,电流脉冲数就越多。该脉冲信号可直接经整形后,由计数器计数并显示,又可经积分电路变成与脉冲数成正比的积分电压,再经电流放大电路和电桥电路,最终得到与物位相关的电流输出。

γ 射线物位计的特点:

① 实现了非接触测量;

② 不受被测介质温度、压力、流速等状态的限制;

③ 能测量比重差很小的两层介质的界面位置;

④ 适宜测量液体、粉粒体和块状介质的位置。

3. 核辐射探伤

核辐射探伤属于无损探伤的一种,与 5.2.4 小节中的超声波探伤有相似之处,其原理框图和特性曲线如图 5-21 所示。

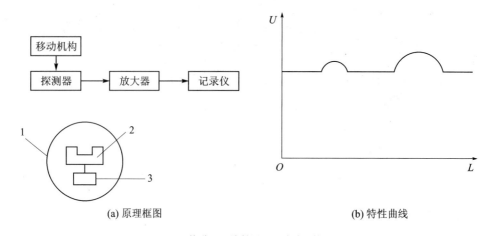

1—管道；2—放射源；3—移动机构

图 5-21 核辐射探伤原理框图和特性曲线

5.4 小制作——超声波遥控照明灯

图 5-22 所示为超声波遥控照明灯电路图，包括超声波换能器、集成电路、放大电路、继电器等。

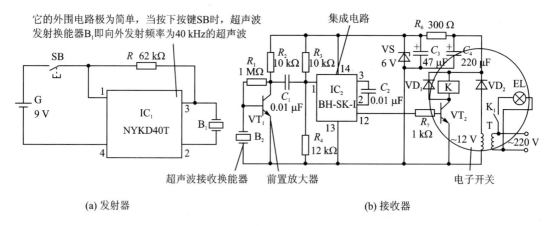

图 5-22 超声波遥控照明灯电路图

1. 工作过程

如图 5-23 所示，当按一下发射器的按键 SB 时，超声波发射换能器 B_1 向外发射频率为 40 kHz 的超声波。当再按一下发射器的按键 SB 时，接收控制器收到信号后，IC_2 的引脚 12 就会翻转回低电平，VT_2 截止，电灯 EL 熄灭。

2. 元器件选择

① R_3、R_4 组成分压器，且 R_4 的阻值略大于 R_3，因而使 IC_2 的输入端引脚 1 静态直流电平略高于 $\frac{1}{2}V_{DD}$，可使声控集成电路 IC_2 处于最高接收灵敏度状态。

② IC_1 选用金属壳封装的 NYKD40T 超声遥控发射专用集成电路，该集成块的工作电压

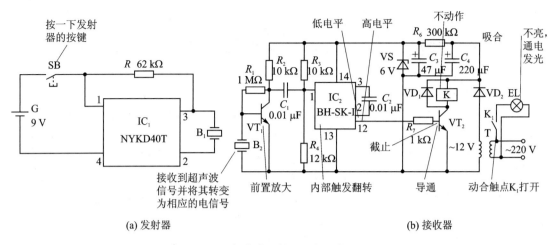

图 5-23 超声波遥控照明灯工作原理图

为 9 V,工作电流约为 25 mA,有效发射距离为 10 m;IC_2 采用黑膏软封装的 BH-SK-I 型声控集成电路。

③ B_1 为压电陶瓷型超声波发射换能器,型号为 UCM-T40;B_2 为与 B_1 相配套的超声波接收换能器,型号为 UCM-R40。

④ 为了让发射器体积小巧,电源 G 采用 6F22 型 9 V 层叠式电池;接收控制器采用交流电降压整流供电,T 选用 220 V/2 V、8 W 优质成品电源变压器;K 为 JZC-22F、DC 12 V 小型中功率电磁继电器,其触点容量可达 5 A。

⑤ VT_1 选用 9014 或 3DG8 型硅 NPN 小功率三极管,要求电流放大系数 $\beta \geqslant 200$;VT_2 选用 9013、3DG12、3DK4、3DX21 型硅 NPN 中功率三极管,要求电流放大系数 $\beta \geqslant 100$。

⑥ VD_1、VD_2 均选用 1N4001 型硅整流二极管。

⑦ VS 选用 6 V、0.5 W 硅稳压二极管,如 2CW21C、1N5233 型等。

⑧ C_1、C_2 选用 CT1 型瓷介电容器;C_3、C_4 选用 CD11-16 V 型电解电容器。

⑨ 所有电阻均选用 RTX-1/8W 碳膜电阻器。

3. 制作与调试

将焊接好的电路板装入体积合适的绝缘小盒内,注意在盒面板为 B_2 开出接收孔。按图 5-22 所示选择元器件参数,一般不需要调试即能可靠稳定工作,有效工作半径为 10 m 左右。

项目六　位移检测与速度检测

机器人的手、脚能精确地移动到准确地点,离不开位移、速度等信息的获取。本项目将学习常用的位移传感器和速度传感器。

速度、速度变化量、加速度是 3 个不同的物理量。其中,速度是用于描述物体运动快慢和运动方向的物理量,速度变化量是反映速度变化情况(包括大小和方向)的物理量,加速度是用于描述速度变化快慢的物理量。速度与加速度之间没有关系,速度变化量与加速度的方向是相同的,它们之间相差时间因素。但三者在实际测量中的测量信号存在一定的微积分关系,可以相互转化,具体的函数关系可以参照相关数学知识,在此不做详细说明。

6.1　电感传感器

电感传感器的工作原理基于法拉第电磁感应原理。

演示:将一只 380 V 交流接触器线圈与交流毫安表串联,然后接到机床用控制变压器的 36 V 交流电压源上,如图 6-1 所示,毫安表的示值约为几十毫安。用手慢慢将接触器的活动铁芯(衔铁)往下按,会发现毫安表的读数正逐渐减小。当衔铁与固定铁芯之间的气隙等于零时,毫安表的读数只剩下十几毫安。

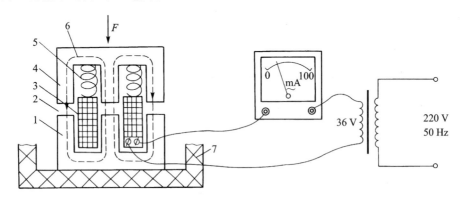

1—固定铁芯;2—气隙;3—线圈;4—衔铁;5—弹簧;6—磁力线;7—绝缘外壳
图 6-1　线圈铁芯的气隙与电感量及电流的关系实验

由电工知识可知,当忽略线圈的直流电阻时,流过线圈的交流电流为

$$I = \frac{U}{Z} \approx \frac{U}{X_L} = \frac{U}{2\pi f L} \tag{6-1}$$

式中:Z——阻抗;

X_L——感抗;

L——电感量;

f——交流频率;

U——交流电压有效值。

当铁芯的气隙较大时,磁路的磁阻 R_m 也较大,而线圈的电感量 L 和感抗 X_L 较小,所以电流 I 较大;当铁芯闭合时,磁阻变小,电感量变大,电流变小。读者可以利用本例中自感量随气隙改变的原理来制作测量位移的自感传感器。

6.1.1 自感传感器

1. 分 类

自感传感器常见的形式有变隙式、变面积式和螺线管式等,结构示意图分别如图 6-2(a)～(c)所示。螺线管式自感传感器外形如图 6-2(d)所示。

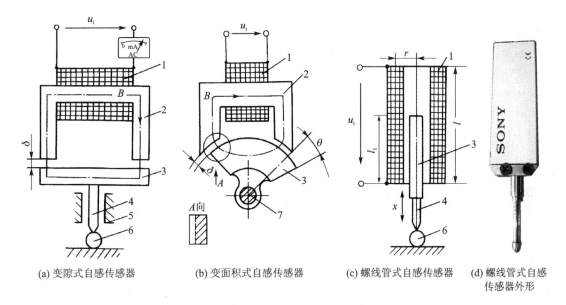

(a) 变隙式自感传感器　　(b) 变面积式自感传感器　　(c) 螺线管式自感传感器　　(d) 螺线管式自感传感器外形

1—线圈;2—铁芯;3—可动铁芯;4—测量轴;5—限位装置;6—被测物体;7—转轴

图 6-2　自感传感器常见的形式结构和螺线管式自感传感器外形

(1) 变隙式自感传感器

对于变隙式自感传感器,电感量 L 与气隙厚度 δ 成反比,其 δ-L 特性曲线如图 6-3(a)所示,输入-输出是非线性关系。δ 小,灵敏度就高。为了保证一定的线性度,变隙式自感传感器只能用于微位移的测量。

(2) 变面积式自感传感器

理论上,变面积式自感传感器的电感量 L 与气隙截面积 A 是非线性关系,其 A-L 特性曲线如图 6-3(b)所示。

(3) 螺线管式自感传感器

对于单线圈螺线管式自感传感器,当衔铁工作在螺线管的中部时,可认为线圈内磁场强度是均匀的,此时线圈电感量 L 与衔铁插入深度 l 大致成正比。

其特点与应用范围:结构简单,制作容易,但灵敏度稍低,适用于测量稍大一点的位移。

上述 3 种自感传感器的缺点是:由于线圈中通有交流励磁电流,因此衔铁始终承受电磁吸力,会引起振动及附加误差,而且非线性误差较大;此外,外界的干扰,如电源电压频率的变化、

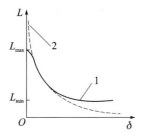
(a) 变隙式自感传感器的δ-L特性曲线

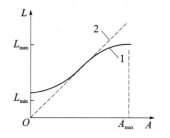
(b) 变面积式自感传感器的A-L特性曲线

1—实际输出特性；2—理想输出特性

图 6-3 自感传感器的特性

温度的变化都会使输出产生误差。

（4）差动自感传感器

针对上述 3 种自感传感器的缺点，我们可以采用差动自感传感器，因为其对称的差动形式既可以提高传感器的灵敏度，又可以减小测量误差。

单线圈自感传感器与差动式自感传感器的特性比较如图 6-4 所示，从图中可以看出，差动式自感传感器的线性较好，灵敏度较高。

2. 测量转换电路

（1）差动电感的变压器电桥转换电路

差动电感的变压器电桥转换电路如图 6-5 所示。相邻两个工作臂 Z_1、Z_2 是差动自感传感器的两个线圈阻抗，另外两个工作臂为激励变压器的二次绕组。输入电压约为 10 V，频率为数千赫兹，输出电压取自 A、B 两点。

当衔铁处于中间位置时，桥路平衡，输出电压 $\dot{U}_\circ=0$；当衔铁下移时，下线圈感抗增加，而上线圈感抗减小，输出电压绝对值增大，其相位与激励源同相；当衔铁上移时，输出电压的相位与激励源反相。

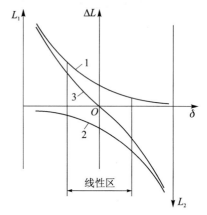

1—上线圈特性；2—下线圈特性；
3—L_1、L_2 差接后的特性

图 6-4 单线圈自感传感器与差动式
自感传感器的特性比较

但是，若要观察上述衔铁移动时输出相位和位移的方向，则用普通的指示仪表无法实现。

（2）相敏检波电路

"检波"与"整流"的含义：是指能将交流输入转换成直流输出的电路。但是，检波多用于描述信号电压的转换。

1）普通的全波整流

普通的全波整流只能得到单一方向的直流电，不能反映输入信号的相位，其电路如图 6-6 所示。

2）相敏检波电路

如果输出电压在送到指示仪表前经过一个能判别相位的检波电路，则不但可以反映位移的大小（$\dot{U}_\circ$ 的幅值），还可以反映位移的方向（$\dot{U}_\circ$ 的相位），这种检波电路称为相敏检波电路。

不同检波方式的输出特性曲线如图 6-7 所示。相敏检波电路的输出电压 $\overline{U}$ 为直流,其极性由输入电压的相位决定。当衔铁向下移时,检流计的仪表指针正向偏转;当衔铁向上移时,仪表指针反向偏转。采用相敏检波电路得到的输出信号既能反映位移大小,也能反映位移方向。

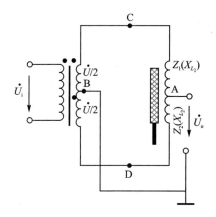

图 6-5 差动电感的变压器电桥转换电路

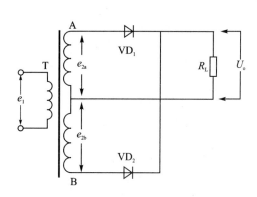

图 6-6 普通的全波整流电路

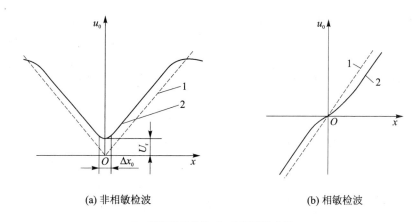

(a) 非相敏检波　　　　(b) 相敏检波

1—理想特性曲线;2—实际特性曲线

图 6-7 不同检波方式的输出特性曲线

6.1.2　差动变压器传感器(差动变压器)

1. 差动变压器测量原理

将两个二次线圈采用差动接法,总电压不会增加,反而相互抵消。

差动变压器是把被测位移量转换为一次线圈与二次线圈间的互感量 M 的变化的装置。当一次线圈接入激励电源后,二次线圈将产生感应电动势,当两者间的互感量变化时,感应电动势也相应变化。目前应用广泛的结构形式是螺线管式差动变压器。其结构示意图如图 6-8 所示,原理图如图 6-9 所示。

2. 差动变压器的主要特性

① 灵敏度:单位为 mV/(mm·V)。行程越小,灵敏度越高。

② 线性范围:差动变压器的线性范围约为线圈骨架长度的 1/10。

3. 测量电路

差动变压器的输出电压是交流分量,它与衔铁位移成正比,其输出电压如果用交流电压表测量,则无法判别衔铁移动的方向。

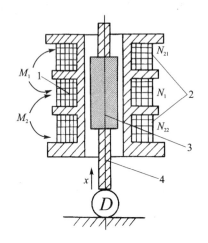
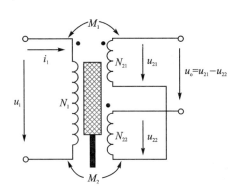

1——一次线圈;2——二次线圈;3——衔铁;4——测杆

图 6-8　差动变压器的结构示意图　　　　图 6-9　差动变压器的原理图

(1) 解决办法

解决办法有两种:一种是采用如图 6-10 所示的差动相敏检波电路,另一种是采用如图 6-11 所示的差动整流电路。

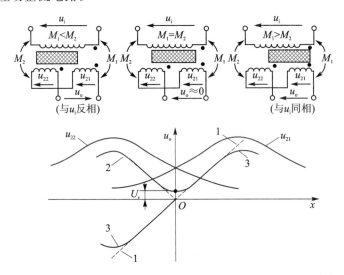

1—理想特性;2—非相敏检波实际特性;3—相敏检波实际特性

图 6-10　差动变压器的差动相敏检波电路结构、输出特性及相敏和非相敏输出特性比较

(2) 差动整流过程

差动变压器的二次电压 $\dot{U}_{21}$、$\dot{U}_{22}$ 分别经 $VD_1 \sim VD_4$、$VD_5 \sim VD_8$ 两个普通桥式电路整流,变成直流电压 U_{ao} 和 U_{bo}。由于 U_{ao} 与 U_{bo} 是反向串联的,所以 $U_{C_3} = U_{ab} = U_{ao} - U_{bo}$。

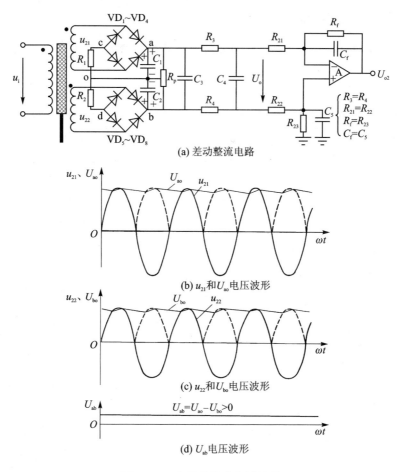

图 6-11 差动整流电路及波形

该电路是以两个桥路整流后的直流电压之差作为输出的,所以称为差动整流电路。

R_P 的作用:微调电路平衡。

低通滤波电路:C_3、C_4、R_3、R_4 组成低通滤波电路,其时间常数 τ 必须大于 u_i 周期的 10 倍以上。

差动减法放大器:A 及 R_{21}、R_{22}、R_f、R_{23} 组成差动减法放大器,用于克服 a、b 两点的对地共模电压。

图 6-11(b)~(d)所示是当衔铁上移时各点的输出波形。当差动变压器采用差动整流测量电路时,应设置合适的一次线圈和二次线圈的匝数比,使 $\dot{U}_{21}$、$\dot{U}_{22}$ 在衔铁最大位移时,仍然能大于二极管死区电压(0.5 V)的 10 倍以上,才能克服二极管的正向非线性影响,减小测量误差。

4. LVDT

随着微电子技术的发展,目前已能将图 6-11 中的激励源、相敏或差动整流及信号放大电路、温度补偿电路等做成厚膜电路,装入差动变压器的外壳(靠近电缆引出部位)内,其输出信号可设计成符合国家标准的 1~5 V 或 4~20 mA,这种形式的差动变压器称为 LVDT(Linear Variable Differential Transformer,线性差动变压器)。

6.1.3 电感传感器的应用

电感传感器能测量位移以及可以转换成位移变化的参数,比如力、压力、压差、加速度、振动、工件尺寸等。

1. 位移测量

红宝石(或钨钢)测端接触被测物,被测物尺寸的微小变化使衔铁在差动线圈中产生位移,造成差动线圈电感量的变化,该电感量的变化通过电缆连接到交流电桥,电桥的输出电压反映了被测体尺寸的变化。测微仪器的最小量程为±3 μm。

2. 电感式不圆度计

如图 6-12(a)所示,电感测头围绕工件缓慢旋转,也可以是测头固定不动,工件绕轴心旋转,耐磨测端(多为钨钢或红宝石)与工件接触。信号经计算机处理后给出图 6-12(b)所示的图形,该图形按一定的比例放大工件的不圆度,以便用户分析测量结果。

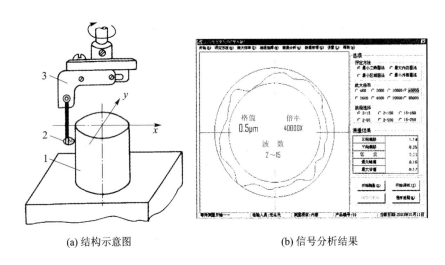

(a) 结构示意图　　　　(b) 信号分析结果

1—电感测头;2—耐磨测端;3—工件

图 6-12 电感式不圆度计

3. 压力测量

差动变压器式压力变送器的外形、结构及电路图如图 6-13 所示。它适用于测量各种生产流程中的液体、水蒸气及气体压力。在图 6-13 中,能将压力转换为位移的弹性敏感元件称为膜盒。

差动变压器式压力变送器的二次线圈的输出电压通过半波差动整流电路、低通滤波电路后,作为变送器的输出信号,可接入二次仪表加以显示。线路中 R_{P1} 是调零电位器,R_{P2} 是调量程电位器。差动整流电路的输出也可以进一步作电压/电流变换,输出与压力成正比的电流信号,其称为电流输出型变送器,在各种变送器中占有很大的比例。

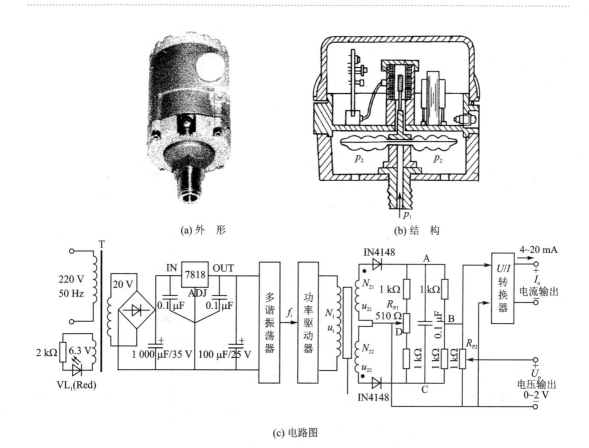

(a) 外形　　　　　(b) 结构

(c) 电路图

图 6-13　差动变压器式压力变送器的外形、结构及电路图

6.1.4　验证实验——电感传感器实验

实验一　差动变压器性能

1. 实验目的

了解差动变压器的基本结构及原理,通过实验验证差动变压器的基本特性。

2. 实验所需器件

差动变压器、电感传感器实验模块、音频信号源、螺旋测微仪、示波器。

3. 实验步骤

① 按图 6-14 所示进行接线,差动变压器初级线圈必须从音频信号源 LV 功率输出端接入,两个次级线圈串接。双线示波器第一通道的灵敏度为 500 毫伏/格,第二通道的灵敏度为 10 毫伏/格。

② 打开主机电源,调整音频输出信号频率,输出 $U_{p\text{-}p}$ 的值为 2 V,以示波器第二通道观察到的波形不失真为好。

③ 前后移动,改变差动变压器的磁芯在线圈中的位置,观察示波器第二通道所示波形能否过零翻转,否则改变接两个次级线圈的串接端顺序。

④ 用螺旋测微仪带动铁芯在线圈中移动,从示波器中读出次级输出电压 $U_{p\text{-}p}$ 的值,同时

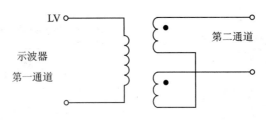

图 6-14 差动变压器性能测试

注意初次级线圈波形的相位,将得到的数据填入下面的表格:

位移/mm										
电压 $U_{\text{p-p}}$/mV										

根据上述结果作出电压-位移曲线,指出线性工作范围。

⑤ 仔细调节螺旋测微仪,当次级输出波形无法再小时即为差动变压器零点残余电压,提高示波器第二通道的灵敏度,观察残余电压波形,分析其频率成分。

4. 注意事项

示波器第二通道为悬浮工作状态,即示波器探头的两根线都不接地。

实验二 差动变压器零残电压的补偿

1. 实验目的

由于零残电压的存在会造成差动变压器零点附近的不灵敏区,此电压经过放大器还会使放大器末级趋向饱和,影响电路正常工作,因此必须采用适当的方法进行补偿使之减小。

2. 实验原理

零残电压中主要包含两种波形成分,如下:

① 基波分量:这是由于差动变压器的两个次级绕组因材料或工艺差异而造成等效电路参数(M、L、R)不同,线圈中的铜损电阻及导磁材料的铁损、线圈中线间电容的存在,都使得激励电流与所产生的磁通不同相。

② 高次谐波:主要是由导磁材料磁化曲线的非线性引起的。由于磁滞损耗和铁磁饱和的影响,使激励电流与磁通波形不一致,产生了非正弦波(主要是三次谐波)磁通,从而在二次绕组中感应出非正弦波的电动势。

减少零残电压的办法是:从设计和工艺制作上尽量保证线路和磁路的对称;采用相敏检波电路;选用补偿电路。

3. 实验所需器件

差动变压器、电感传感器实验模块、音频信号源、螺旋测微仪、示波器。

4. 实验步骤

① 按图 6-15 所示进行接线,示波器第一通道的灵敏度为 500 毫伏/格,第二通道的灵敏度为 1 伏/格(根据波形大小适当调整),差动放大器增益置最大。

② 打开主机电源,调节音频输出频率,以第二通道波形不失真为好(为此音频信号频率可调至 10 kHz 左右),音频幅值 $U_{\text{p-p}}$ 为 2 V。调节铁芯在线圈中的位置,使差动放大器输出的电压波形最小,再调节电桥中 W_D、W_A 电位器,使输出更趋减小。

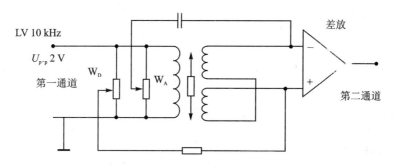

图 6-15 差动变压器零残电压的补偿

③ 提高示波器第二通道的灵敏度,将零残电压波形与激励电压波形作比较。

5. 注意事项

① 音频信号频率一定要调整到次级线圈输出波形基本无失真的状态,否则由于失真波形中有谐波成分,补偿效果将不明显。

② 此电路中差动放大器的作用是,将次级线圈的二端输出改为单端输出。

实验三　差动变压器的振动测量

1. 实验目的

了解差动变压器的实际运用情况。

2. 实验所需器件

差动变压器、音频信号源、电感传感器实验模块、公共电路实验模块、电压/频率表、示波器、振动平台。

3. 实验步骤

① 将电感传感器实验模块上的电感传感器拆下安装在主机振动平台旁的支架上,铁芯安装在振动圆盘的固定螺丝上,仔细调节,使之能自由振荡,电感连接线不够长可串接。按图 6-15 所示接线并调整输出电压为零。

② 激振选择开关拨向"激振Ⅰ"侧,开启主机电源,调节低频信号源,使铁芯在振动平台的带动下在线圈中上下振动。

③ 维持低频信号源输出信号幅值不变,改变振荡频率从 5～30 Hz(用频率表监控低频 VO 端),示波器观察低通滤波的输出,将各激振频率下的 $U_{p\text{-}p}$ 值记入以下表格:

f/Hz	5	6	7	8	9	10	12	13	14	15	18	20	22	24	26	30
$U_{p\text{-}p}$/mV																

作出 $U_{p\text{-}p}$ - f 曲线,指出安装平台的悬臂梁的自振频率。

4. 注意事项

① 由于仪器中上、下两副悬臂梁的尺寸不同,所以固有振动频率是不一样的。

② 电感线圈的位置可根据实验需要调节螺杆稍的上下位置,以静止时铁芯置于线圈中间位置为好。

6.2 电涡流传感器

将一只电涡流探头逐渐靠近各种实验用的金属板(比如电池外壳、黑板擦、硬币等),该探头接到 PM 电路;PM 电路的输出(比如 200 kHz)与一恒定频率的振荡器信号(比如 199 kHz)相减,产生差拍;差拍电路的输出频率是可闻声波 f_Δ(本例中为 1 kHz),f_Δ 的声调随着金属板与探头之间距离的减小而变尖。

将非导电物体(比如粉笔盒、书、玻璃杯等)靠近探头,差拍声调不变。

在电工学中学过的"串联谐振"频率为

$$f = \frac{1}{2\pi\sqrt{LC_0}} \tag{6-2}$$

差拍之前的探头频率 f 变大是差拍后的输出频率 f_Δ 变大的根本原因。

式(6-2)中的 C_0 是常数,而 L 是变量,当 L 变小时,会导致 f 变大。当探头与金属物体靠近时,两者之间的互感量 M 变大,导致探头线圈的等效电感减小,所以谐振电路的输出频率变大。

6.2.1 电涡流效应

当金属导体置于变化的磁场中时,导体表面就会有感应电流产生,电流的流线在金属体内自行闭合。这种由电磁感应原理产生的旋涡状感应电流称为电涡流,这种现象称为电涡流效应。

电涡流线圈受电涡流影响时的等效阻抗 Z 与金属导体的磁导率 μ、表面电导率 σ 有关,与电涡流线圈的激励源频率 $f(f=\omega/2\pi)$ 等有关,还与金属导体的形状、表面因素(粗糙度、沟痕、裂纹等)r 有关,更重要的是与线圈到金属导体的间距(距离)x 有关,可表示为

$$Z = R + j\omega L = F(f、\mu、\sigma、r、x) \tag{6-3}$$

结论:如果控制式(6-3)中的 $f、\mu、\sigma、r$ 不变,则电涡流线圈的阻抗 Z 就成为间距 x 的单值函数,这样就成为非接触位移传感器;如果控制 x、I(激励电流)、f 不变,就可以用来检测与表面电导率 σ 有关的表面温度、表面裂纹等参数,或者用来检测与材料磁导率 μ 有关的材料型号、表面硬度等参数。

注意:电涡流线圈的阻抗与 μ、σ、r、x 之间的关系均是非线性的,必须由计算机进行线性化纠正。

6.2.2 电涡流传感器的结构及特性

电涡流传感器的传感元件是一只线圈,俗称为电涡流探头。激励源频率较高,一般为数十千赫兹至数兆赫兹。其结构如图 6-16 所示。

探头的直径越大,测量范围就越大,但分辨力就越差,灵敏度也越低。

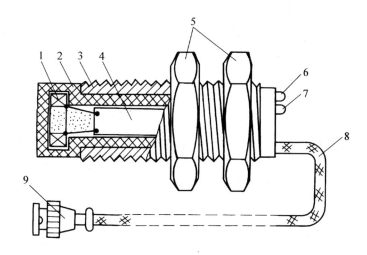

1—电涡流线圈；2—探头壳体；3—壳体上的位置调节螺纹；4—印制电路板；
5—夹持螺母；6—电源指示灯；7—阈值指示灯；8—输出屏蔽电缆线；9—电缆插头

图 6-16　电涡流探头结构

6.2.3　电涡流传感器的测量转换电路

1. 调幅(AM)电路

调幅电路：以输出固定频率信号的幅度来反映调制信号的大小。例如，中波、短波广播电台的信号。

当被测体为金属时，探头线圈的等效电感量 L 减小、R 增大，导致 Q 值下降。当并联谐振回路的谐振频率 $f_1 > f_0$ 时，处于失谐状态，输出电压 $\dot{U}_o$ 大大降低。

在图 6-17 中，石英晶体振荡器产生稳频、稳幅高频振荡电压（100 kHz～1 MHz）用于激励电涡流线圈。金属材料在高频磁场中产生电涡流，引起电涡流线圈端电压的衰减，再经高放、检波、低放电路，最终输出的直流电压 U_o 反映了金属体对电涡流线圈的影响（例如，两者之间的距离等参数）。

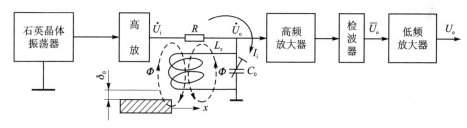

图 6-17　定频调幅式测量转换电路

2. 调频(FM)电路

调频电路：以输出固定幅度、频率上下波动的信号来反映调制信号的大小。例如，调频广播电台的信号。

在电涡流传感器中，以 LC 振荡器的频率 f 作为输出量。当电涡流线圈与被测体的距离 x 改变时，电涡流线圈的电感量 L 也随之改变，引起 LC 振荡器的输出频率变化，此频率可以通过 F/V 转换器(又称为鉴频器)将 Δf 转换为电压 ΔU_o,由电压表显示出电压值;也可以直接将频率信号(TTL 电平)送到计算机的计数/定时器,测量出频率的变化。信号流程如图 6-18(a)所示,鉴频器特性如图 6-18(b)所示。

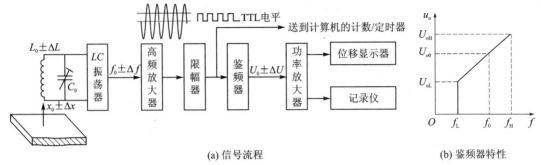

(a) 信号流程　　　　　　　　　(b) 鉴频器特性

图 6-18　调频式测量转换电路的信号流程和鉴频器特性

6.2.4　电涡流传感器的应用

电涡流传感器的应用包括:位移测量、振幅测量、厚度测量、转速测量、无损探伤等,对汽轮机、水轮机、鼓风机、压缩机、空分机、齿轮箱、大型冷却泵等大型旋转机械轴的径向振动、轴向位移、键相器、轴转速、胀差、偏心,以及转子动力学研究和零件尺寸检验等进行在线测量和保护。但是,测量中有许多不确定因素,一个或几个因素的微小变化就足以影响测量结果,所以电涡流传感器多用于定性测量,即使要用作定量测量,也必须采用逐点标定、计算机线性纠正、温度补偿等措施。

具体应用如下:

① 轴向位移测量:采用定频调幅式测量转换电路。轴向位移测量实物图如图 6-19 所示。

图 6-19　轴向位移测量实物图

② 用于流水线产品计数,如图 6-20 所示。

③ 用于机床、机器手臂的限位控制,如图 6-21 所示。

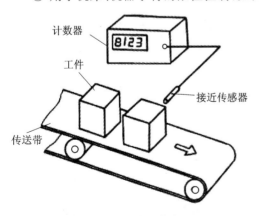

图 6-20　工件计数测量图

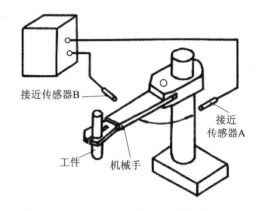

图 6-21　机械手限位测量图

④ 用于平台调平操作、工件表面检测、工件平滑度测试等,如图 6-22 所示。

(a) 平台调平操作

(b) 工件表面检测

(c) 工件平滑度测试

图 6-22 其他测量

6.2.5 电涡流传感器测量中的影响因素

1. 被测体材料对传感器的影响

传感器特性与被测体的电导率 σ、磁导率 μ 有关。当被测体为导磁材料(如普通钢、结构钢等)时,由于涡流效应和磁效应同时存在,磁效应反作用于涡流效应,使得涡流效应减弱,即传感器的灵敏度降低;而当被测体为弱导磁材料(如铜、铝、合金钢等)时,由于磁效应弱,相对来说涡流效应要强,因此传感器的灵敏度要高。

2. 被测体表面平整度对传感器的影响

不规则的被测体表面会给实际的测量带来附加误差,因此对被测体表面应该平整光滑,不应存在凸起、洞眼、刻痕、凹槽等缺陷。一般要求,对于振动测量的被测表面粗糙度要求在 0.4~0.8 μm 之间,对于位移测量的被测表面粗糙度要求在 0.4~1.6 μm 之间。

3. 被测体表面磁效应对传感器的影响

由于电涡流效应主要集中在被测体表面,所以加工过程中形成的残磁效应以及淬火不均匀、硬度不均匀、金相组织不均匀、结晶结构不均匀等都会影响传感器特性。在进行振动测量时,如果被测体表面残磁效应过大,则会出现测量波形发生畸变的现象。

4. 被测体表面尺寸对传感器的影响

由于探头线圈产生的磁场范围是一定的,而被测体表面形成的涡流场也是一定的,所以对被测体表面的大小有一定要求。通常,当被测体表面为平面时,以正对探头中心线的点为中心,被测面直径应大于探头头部直径的 1.5 倍以上;当被测体为圆轴且探头中心线与轴心线正交时,一般要求被测轴直径为探头头部直径的 3 倍以上,否则传感器的灵敏度会下降,被测体表面越小,灵敏度下降越多。实验测试,当被测体表面大小与探头头部直径相同时,其灵敏度会下降到72%左右。被测体的厚度也会影响测量结果。被测体中电涡流场作用的深度由频率、材料导电率、导磁率决定,因此如果被测体太薄,则会造成电涡流作用不够,使传感器灵敏度下降。一般认为厚度大于 0.1 mm 以上的钢等导磁材料及厚度大于 0.05 mm 以上的铜、铝等弱导磁材料的灵敏度不会受其厚度的影响。

5. 多变量传感器的使用原则

多变量传感器的使用原则如下:
① 必须固定其他因素才可以测量剩下的一个因素;
② 多变量传感器多用于定性测量。

在电工学中学过转轴转速 n(单位为 r/min)的测量方法,其示意图如图 6-23 所示。计算

公式为

$$n = 60\frac{f}{z} \tag{6-4}$$

式中：z——每周的测量磁极数量。

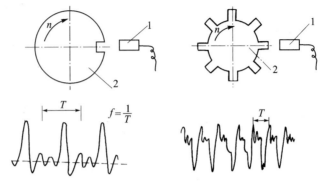

(a) 带有凹槽的转轴及输出波形　　(b) 带有凸槽的转轴及输出波形

1—传感器；2—被测物

图 6-23　转速测量示意图

磁电式转速表原理图如图 6-24 所示，其工作原理为：穿过线圈的磁力线随齿轮的转角不停地变化，线圈产生感应电压，电压的频率和幅度都与转速成正比。

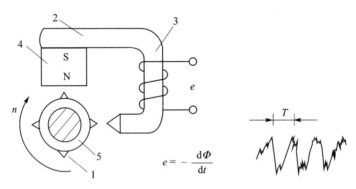

1—导磁的齿顶；2—软铁芯；3—线圈；4—磁铁；5—转轴

图 6-24　磁电式转速表原理图

6.2.6　验证实验——电涡流传感器实验

实验一　静态标定

1. 实验原理

电涡流传感器由平面线圈和金属涡流片组成，当线圈中通以高频交变电流时，在与其平行的金属片上会感应产生电涡流，电涡流的大小会影响线圈的阻抗 Z，而涡流的大小与金属涡流片的电阻率、导磁率、厚度、温度以及与线圈的距离 x 有关，当平面线圈、被测体（涡流片）、激励源确定后，并保持环境温度不变时，阻抗 Z 只与距离 x 有关，将阻抗变化转换为电压信号 V

输出,则输出电压是距离 x 的单值函数。其工作原理图如图 6-25 所示。

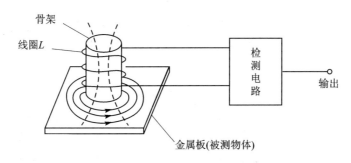

图 6-25 电涡流传感器工作原理图

2. 实验所需器件

电涡流传感器、电涡流传感器实验模块、螺旋测微仪、电压表、示波器。

3. 实验步骤

① 连接主机与电涡流传感器实验模块电源及传感器接口,电涡流线圈与涡流片须保持平行,安装好螺旋测微仪,涡流变换器输出接电压表 20 V 挡。

② 开启主机电源,用螺旋测微仪带动涡流片移动,当涡流片完全紧贴线圈时输出电压为零(如不为零则可适当改变支架中的线圈角度),然后旋动螺旋测微仪使涡流片离开线圈,从电压表有读数时每隔 0.2 mm 记录一个电压值,将 U_o、x 数值填入以下表格,作出 $U_o - x$ 曲线,指出线性范围,求出灵敏度。

x/mm	0	0.2	0.4	0.6	0.8	1	1.2	1.4	1.6	1.8	2	2.2	2.4	2.6	2.8	3	3.2	3.4	3.6
U_o/mV																			

③ 示波器接电涡流线圈与电涡流传感器实验模块输入端口,观察电涡流传感器的激励信号频率,随着线圈与涡流片距离的变化,信号幅度也发生变化,当涡流片紧贴线圈时电路停振,输出为零。

4. 注意事项

当电涡流传感器实验模块输入端接入示波器时,由于一些示波器的输入阻抗不高(包括探头阻抗)以致影响线圈的阻抗,使输出 U_o 变小,并造成初始位置附近的一段死区,示波器探头不接输入端即可解决这个问题。

实验二 被测材料对电涡流传感器特性的影响

1. 实验所需器件

电涡流传感器、多种金属涡流片、电涡流传感器实验模块、电压表、螺旋测微仪、示波器。

2. 实验步骤

① 分别对铁、铜、铝涡流片进行测试与标定,记录数据,在同一坐标上作出 $U_o - x$ 曲线。

② 分别找出不同材料被测体的线性工作范围、灵敏度、最佳工作点(双向或单向)并进行比较,作出定性结论。

3. 注意事项

当换上铜、铝或其他金属涡流片时,线圈紧贴涡流片时输出电压并不为零,这是因为电涡流线圈的尺寸是为配合铁涡流片而设计的,换了不同材料的涡流片后,线圈尺寸必须改变输出电压才能为零。

实验三 振幅测量

1. 实验所需器件

电涡流传感器、电涡流传感器实验模块、公共电路实验模块、直流稳压电源、激振器Ⅰ、示波器。

2. 实验步骤

① 连接主机与电涡流传感器实验模块电源,并在主机上的振动圆盘旁的支架上安装好电涡流传感器,按图 6-26 所示接好实验线路。根据实验结果,将线圈安装在距涡流片最佳工作位置上,直流稳压电源置±10 V挡(也可选用±6 V 或者±8 V 挡,原则是接入电路的负电压值一定要高于电涡流变换电路的电压输出值,以便调零),差动放大器增益调至最小(增益为1),仅作为一个电平移动电路。

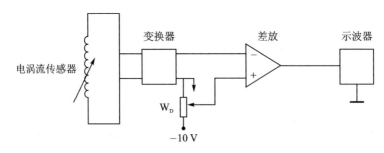

图 6-26 电涡流传感器振幅测量原理图

② 开启主机电源,调节电桥 W_D 电位器,使系统输出为零。

③ 开启激振器Ⅰ,调节低频振荡频率,使振动平台在 15～30 Hz 范围内变化。用示波器观察输出波形,记下 U_{P-P} 的值,利用结果求出波形变化范围内的 x 值。

④ 降低激振频率,提高振幅范围,用示波器就可以看出输出波形有失真现象,这说明电涡流传感器的振幅测量范围是很小的。

3. 注意事项

直流稳压电源为-10 V,接地端分别接电桥 W_D 电位器的两端。

实验四 测转速实验

1. 实验原理

当电涡流线圈与金属被测体的位置周期性地接近或脱离时,电涡流传感器的输出信号也转换为相同周期的脉动信号。

2. 实验所需器件

电涡流传感器、电涡流传感器实验模块、测速电机、电压/频率表、示波器。

3. 实验步骤

① 将电涡流支架顺时针旋转约 70°,安装于电机叶片之上,线圈尽量靠近叶片,以不碰擦为标准,线圈面与叶片保持平行。

② 开启主机电源,调节电机转速,根据示波器波形调整电涡流线圈与电机叶片的相对位置,使波形较为对称。

③ 仔细观察示波器中两相邻波形的峰值,如果有差异则是电机叶片不平行或是电机振动所致,可利用特性曲线大致判断叶片的不平行度。

④ 用电压/频率表 2 kHz 挡测得电机转速,转速=频率表显示值÷2。

6.3 码盘式传感器

码盘式传感器以编码器为基础,它是测量轴角位置和位移的方法之一。

6.3.1 光电码盘式传感器的工作原理

光电码盘式传感器是用光电方法把被测角位移转换成以数字代码形式表示的电信号的转换部件。其结构示意图如图 6-27 所示。

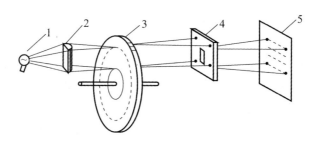

1—光源;2—光学系统;3—带有码盘的两副光栅;4—透光狭缝;5—光敏元件

图 6-27 光电码盘式传感器的结构示意图

在透明材料的圆盘上精确印制上二进制编码(一般为 4 位二进制码盘),码盘上各圈圆环分别代表一位二进制数字码道,在同一个码道上印制黑白等间隔图案,形成一套编码。黑色不透光区和白色透光区分别代表二进制数"0"和"1"。4 位光电码盘有 4 圈数字码道,每个码道都表示二进制的一位,里侧为高位,外侧为低位,在 360°范围内可编码数为 $2^4=16$ 个。工作时,码盘一侧放置电源,另一侧放置光电接收装置,每个码道都对应一个光电管及放大、整形电路。

6.3.2 角编码器

角编码器(码盘):是一种旋转式位置传感器,它的转轴通常与被测旋转轴连接,随被测轴一起转动。它能将被测轴的角位移转换成二进制编码或一串脉冲。

角编码器可分为绝对式光电角编码器和增量式光电角编码器两种。

1. 绝对式光电角编码器

(1) 绝对式光电角编码器的基础原理——接触式编码器结构

接触式码盘的结构如图 6-28 所示。可见分辨的角度 α(即分辨力)为

$$\alpha = 360°/2^n \tag{6-5}$$

$$分辨率 = 1/2^n \tag{6-6}$$

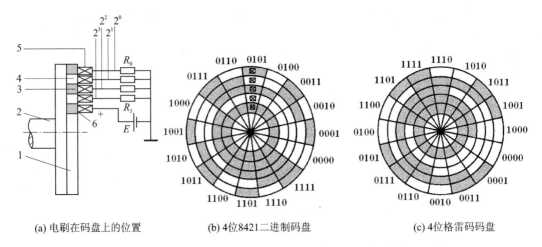

(a) 电刷在码盘上的位置　　(b) 4位8421二进制码盘　　(c) 4位格雷码码盘

1—码盘；2—转轴；3—导电体；4—绝缘体；5—电刷；6—激励公用轨道（接电源正极）

图 6-28　接触式码盘的结构

码道越多，位数 n 越大，所能分辨的角度 α 就越小。所以要提高分辨力，就得增加码道数，即二进制位数。

比如：某12码道的绝对式角编码器，其每圈的位置数为 $2^{12}=4\,096$，能分辨的角度为 $\alpha=360°/2^{12}=5.27'$；若为13码道，则能分辨的角度为 $\alpha=360°/2^{13}=2.64'$。

（2）绝对式光电角编码器的特点

特点：没有接触磨损，允许转速高；码盘材料通常选用不锈钢薄板或者玻璃。

2. 增量式光电角编码器

增量式光电角编码器的结构如图 6-29 所示，光电角编码器与转轴连在一起。光电角编码器可用玻璃材料制成，表面镀上一层不透光的金属铬，在边缘制成向心的透光狭缝；透光狭缝在角编码器圆周上等分，数量从几百条到几千条不等，整个角编码器圆周上就被等分成 n

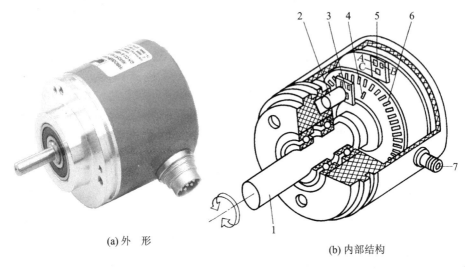

(a) 外形　　(b) 内部结构

1—转轴；2—发光二极管；3—光栅板；4—零标志位光槽；5—光敏元件；6—码盘；7—电源及信号线连接座

图 6-29　增量式光电角编码器的结构

个透光的槽。增量式光电角编码器也可用不锈钢薄板制成,然后在圆周边缘切割出均匀分布的透光槽。

光电角编码器最常用的光源是自身有聚光效果的发光二极管。当光电角编码器随工作轴一起转动时,光线透过光电角编码器和光栏板狭缝,形成忽明忽暗的光信号。光敏元件把此光信号转换成电脉冲信号,通过信号处理电路后,向数控系统输出脉冲信号,也可由数码管直接显示位移量。

光电角编码器的测量准确度与角编码器圆周上的狭缝条纹数 n 有关,能分辨的角度 α 为

$$\alpha = 360°/n \qquad (6-7)$$
$$\text{分辨率} = 1/n \qquad (6-8)$$

例如:角编码器边缘的透光槽数为 1 024 个,则能分辨的最小角度 $\alpha = 360°/1\,024 = 0.352°$。

为判断角编码器旋转的方向,必须在光栏板上设置两个狭缝,其距离是角编码器上两个狭缝距离的 $(m+1/4)$ 倍(其中,m 为正整数),并设置了两组对应的光敏元件,如图 6-29 中的 A、B 光敏元件,有时也称为 cos、sin 元件。光电角编码器的输出波形如图 6-30 所示。为得到角编码器转动的绝对位置,还须设置一个基准点,如图 6-29 中的"零标志位光槽"。角编码器每转一圈,零标志位光槽对应的光敏元件就产生一个脉冲,称为"一转脉冲",如图 6-30 所示的 C_0 脉冲。

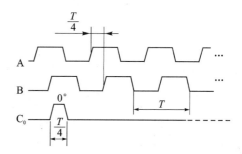

图 6-30 光电编码器的输出波形

3. 角编码器的应用

角编码器除了能直接测量角位移或间接测量直线位移外,还可用于数字测速。

由于增量式角编码器的输出信号是脉冲形式的,因此可用测量脉冲频率或周期的方法来测量转速。角编码器可代替测速发电机的模拟测速,从而成为数字测速装置。

在一定的时间间隔 t_s 内(又称闸门时间,如 10 s、1 s、0.1 s 等),用角编码器所产生的脉冲数来确定速度的方法称为 M 法测速,如图 6-31(a)所示。

若角编码器每转产生 N 个脉冲,在闸门时间间隔 t_s 内得到 m_1 个脉冲,则角编码器所产生的脉冲频率 f 为

$$f = \frac{m_1}{t_s} \qquad (6-9)$$

则转速 n(单位为 r/min)为

$$n = 60 \times \frac{f}{N} = 60 \times \frac{m_1}{t_s N} \qquad (6-10)$$

以此来确定速度的方法称为 T 法测速,如图 6-31(b)所示。

例 6-1 某角编码器的指标为 2 048 个脉冲/转(即 $N=2\,048$ P/r),在 0.2 s 内测得 8 K 个脉冲(1 K=1 024),即 $t_s=0.2$ s,$m_1=8$ K=8 192 个脉冲,$f=8\,192/0.2$ s=40 960 Hz,求转速 n。

解:角编码器的转速为

$$n = 60 \times \frac{m_1}{t_s N} = 60 \times \frac{8\,192}{2\,048 \times 0.2} (\text{r/min}) = 1\,200 (\text{r/min})$$

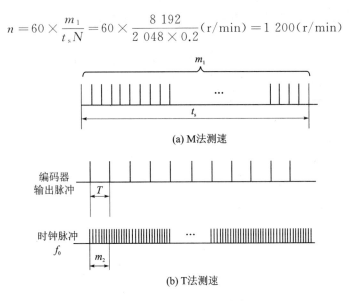

图 6-31　M 法和 T 法测速

适合于 M 法测速的场合有：要求转速较快，否则计数值较少，测量准确度较低。

例如，当角编码器的输出脉冲频率 $f = 1\,000$ Hz，闸门时间 $t_s = 1$ s 时，测量精度可达 0.1% 左右；而当转速较慢时，角编码器输出脉冲频率较低，±1 误差（多或少计数一个脉冲）将导致测量精度的降低。

闸门时间 t_s 的长短对测量精度的影响：

当 t_s 取得较大时，测量精度较高，但不能反映速度的瞬时变化，不适合动态测量；t_s 也不能取得太小，以至于在 t_s 时段内得到的脉冲太少，而使测量精度降低。例如，脉冲频率 f 仍为 $1\,000$ Hz，t_s 缩短到 0.01 s，此时的测量准确度将降到 10% 左右。

6.3.3　码盘式传感器的应用

从角编码器的应用可以得出：码盘式传感器多用于数控机床、伺服电机、机器人、回转机械、传动机械等（自控、检测传感技术）领域。

工位编码

由于绝对式光电角编码器的每一转角位置均有一个固定的编码输出，若绝对式光电角编码器与转盘同轴相连，则转盘上每一工位安装的被加工工件均可以有一个编码相对应。转盘工位编码如图 6-32 所示，当转盘上某一工位转到加工点时，该工位对应的编码由绝对式光电角编码器输出给控制系统。

例如：要使处于工位 4 上的工件转到加工点等待钻孔加工，计算机就控制电机通过带轮带动转盘逆时针旋转；与此同时，绝对式光电角编码器（假设为 4 码道）输出的编码不断变化。设工位 1 的绝对二进制码

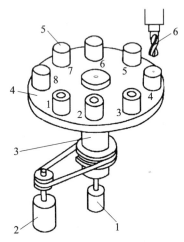

1—绝对式光电角编码器；2—电动机；
3—转轴；4—转盘；5—工件；6—刀具

图 6-32　转盘工位编码

为0000,当输出从工位3的0100变为0110时,表示转盘已将工位4转到加工点,电机停转。

其他的一些典型应用如图6-33所示。

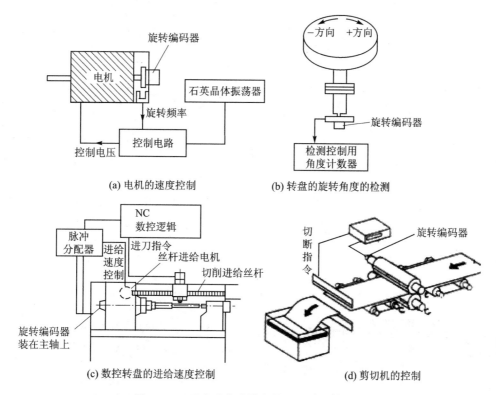

图 6-33 码盘式传感器在控制领域中的应用

6.4 光栅传感器

光栅传感器主要用于长度和角度的精密测量。

6.4.1 光栅的类型和结构

光栅:由在透明玻璃上的大量平行等宽等距的刻线构成。

光栅种类:可分为物理光栅和计量光栅,在检测中常用的是计量光栅。

1. 计量光栅分类

(1) 按原理分类

计量光栅按原理分为透射式光栅和反射式光栅。

① 透射式光栅:用光学玻璃作基体并镀铬,在其上均匀刻画出间距、宽度相等的条纹,形成连续的透光区和不透光区,如图6-34(a)所示。

② 反射式光栅:使用不锈钢作基体,在其上用化学方法制作出黑白相间的条纹,形成反光区和不反光区,如图6-34(b)所示。

(2) 按形状分类

计量光栅按形状可分为长光栅和圆光栅。其中,长光栅用于直线位移测量,故又称直线光

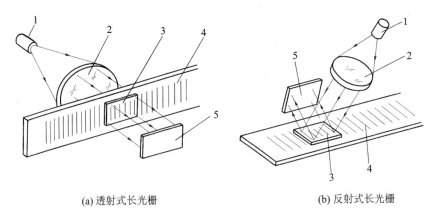

(a) 透射式长光栅　　　　(b) 反射式长光栅

1—光源；2—透镜；3—指示光栅；4—标尺光栅；5—光敏元件

图 6-34　透射式长光栅与反射式长光栅示意图

栅，如图 6-35 所示；圆光栅用于角位移测量，如图 6-36 所示。

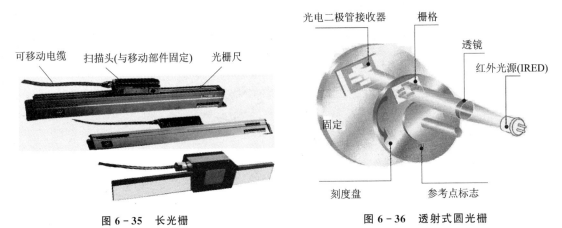

图 6-35　长光栅　　　　图 6-36　透射式圆光栅

计量光栅的详细分类如图 6-37 所示。

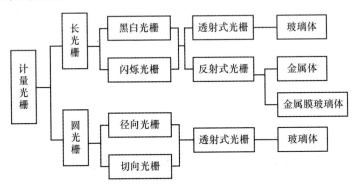

图 6-37　计量光栅的详细分类

2. 计量光栅的组成

计量光栅由标尺光栅（主光栅）和指示光栅（副光栅）组成。标尺光栅和指示光栅之间保持很小的间隙（0.05 mm 或 0.1 mm）。

在长光栅中,标尺光栅固定不动,而指示光栅安装在运动部件上,所以两者之间形成相对运动。

在圆光栅中,指示光栅通常固定不动,而标尺光栅随轴转动。

3. 栅　距

在图 6-38 中,b 为栅线宽度;a 为栅缝宽度;d(或 w)＝$a+b$,称为光栅常数,或称栅距。通常,$a=b=d/2$。

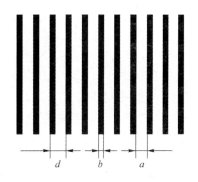

图 6-38　光栅结构示意图

栅线密度:分为 10 线/毫米、25 线/毫米、50 线/毫米、100 线/毫米和 200 线/毫米等几种。

角节距:对于圆光栅来说,两条相邻刻线的中心线的夹角称为角节距,每周的栅线数从较低精度的 100 线到高精度等级的 21 600 线不等。

例如:某一长光栅的栅线密度为 25 线/毫米,求栅距 d(可视为分辨力)。

$$d = 1 \text{毫米}/25 \text{线} = 0.04 \text{毫米/线} = 4 \text{微米/线}$$

6.4.2　光栅传感器的工作原理

1. 光栅传感器的组成

光栅传感器由光源、聚光镜、主光栅、指示光栅、光电元件等组成,如图 6-39 所示。

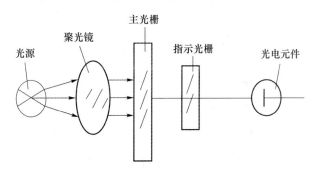

图 6-39　光栅传感器组成示意图

在图 6-39 中,指示光栅应置于主光栅的费涅耳第一焦面上,其间的距离为

$$d = \frac{W^2}{\lambda} \tag{6-11}$$

式中:W——栅间距;
　　　λ——光波长。

2. 光栅与莫尔条纹

(1) 莫尔条纹

将两块画有垂直方向的等间隔黑条(1 毫米/条)的有机玻璃叠合在一起,可以看到,在水平方向出现较宽的黑条。黑条的间距随两块玻璃角度的变化而变化,可以大到 50 mm。这种莫尔条纹随两块玻璃的水平相对运动而上下移动。

在光栅的适当位置安装 2 只光敏元件(有时为 4 只)。当指示光栅沿 x 轴自左向右移动时,莫尔条纹的亮带和暗带(图 6-40 中的 $a-a$ 线和 $b-b$ 线)将顺序自下而上(图 6-40 中的 y 方向)不断地掠过光敏元件。光敏元件"观察"到莫尔条纹的光强变化近似于正弦波变化。光栅移动一个栅距 W,光强变化一个周期。光电元件随着两块玻璃的水平相对运动而输出连续的正弦波,如图 6-41 所示。

由于光栅的刻线非常细微,如果只用一块玻璃,则光电元件很难直接分辨到底移动过去了多少个栅距。

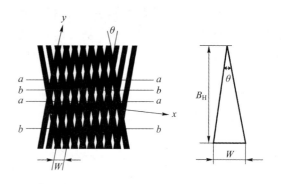

图 6-40 莫尔条纹

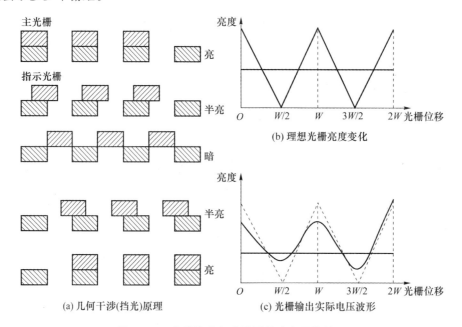

图 6-41 光栅位移与光强及输出电压的关系

(2) 莫尔条纹的放大作用

莫尔条纹的黑白条纹比栅距大几十倍,故能让光敏元件"看清"随光栅刻线移动所带来的光强变化。

莫尔条纹的间距是放大了的光栅栅距,它随着指示光栅与主光栅刻线夹角而改变。由于 θ 很小,所以其关系可表示为

$$L = W/\sin\theta \approx W/\theta \tag{6-12}$$

式中:L——莫尔条纹间距;

W——光栅栅距;

θ——两光栅刻线夹角,必须以弧度(rad)为单位,式(6-12)才能成立。

由式(6-12)可知,θ 越小,L 越大,相当于把微小的栅距扩大了 $1/\theta$。由此可见,计量光栅起到光学放大器的作用。

例如:对 25 线/毫米的长光栅而言,$W=0.04$ mm。若 $\theta=0.016$ rad,则 $L=2.5$ mm,光敏元件可以分辨这 2.5 mm 的间隔,但若不采用两块玻璃组成莫尔条纹的光学放大,则无法分辨 0.04 mm 的间隔。

(3) 辨向及细分

1) 辨向原理

如果传感器只安装一套光电元件,则在实际应用中,无论光栅是正向移动还是反向移动,光敏元件都产生相同的正弦信号,这是无法分辨移动方向的。因此,必须设置辨向电路。

通常可以在沿光栅线的 y 方向上相距 $(m\pm 1/4)L$(相当于电相角 1/4 周期)的距离上设置 sin 和 cos 两套光电元件(见图 6-40 中的 sin 位置和 cos 位置),这样就可以得到两个相位相差 $\pi/2$ 的电信号 u_{os} 和 u_{oc},经放大、整形后得到 u'_{os} 和 u'_{oc} 两个方波信号,分别送到计算机的两路接口,由计算机判断两路信号的相位差。当指示光栅向右移动时,u_{os} 滞后于 u_{oc};当指示光栅向左移动时,u_{os} 超前于 u_{oc}。计算机据此判断指示光栅的移动方向。

2) 细分技术

细分技术又称倍频技术。若将光敏元件的输出电信号直接计数,则光栅的分辨力只有一个 W 的大小。为了能够分辨比 W 更小的位移量,则必须采用细分电路。细分电路能在不增加光栅刻线数(线数越多,成本越昂贵)的情况下提高光栅的分辨力。该电路能在一个 W 的距离内等间隔地给出 n 个计数脉冲。细分后计数脉冲的频率是原来的 n 倍,极大地提高了传感器的分辨力。

通常采用的细分方法有 4 倍频法、16 倍频法等,可通过专用集成电路来实现。

例 6-2 细分数 $n=4$,光栅刻线数 $N=100$ 根/毫米,求细分后光栅的分辨力 Δ。

解: 栅距 $W=1/N=(1/100)$ mm$=0.01$ mm

$$\Delta = W/n = (0.01/4)\text{mm} = 0.0025 \text{ mm} = 2.5 \ \mu\text{m}$$

由此可见,光栅通过 4 细分电路处理后,相当于将原光栅的分辨力提高了 3 倍。

3) 零位光栅

在增量式光栅中,为了寻找坐标原点、消除误差积累,在测量系统中需要有零位标记(位移的起始点),因此在光栅尺上除了主光栅刻线外,还必须刻有零位基准的零位光栅(参见图 6-42 中的主光栅 5),以形成零位脉冲,又称参考脉冲。把整形后的零位信号作为计数开始的条件。

6.4.3 轴环式光栅数显表

图 6-42 所示是 ZBS 型轴环式光栅数显表示意图,它的主光栅用不锈钢圆薄片制成,可用于角位移的测量。

在轴环式光栅数显表中,定片(指示光栅)固定,动片(主光栅)可与外接旋转轴相连并转动。动片边沿被均匀地镂空出 500 条透光条纹,如图 6-42(b)中的 A 放大图所示。定片为圆弧形薄片,在其表面刻有两组与动片相同间隔的透光条纹(每组 3 条),定片上的条纹与动片上的条纹成一角度 θ。两组条纹分别与两组红外发光二极管和光敏三极管相对应。当动片旋转时,产生的莫尔条纹亮暗信号由光敏三极管接收,相位正好相差 $\pi/2$,即第一个光敏三极管接收到正弦信号,第二个光敏三极管接收到余弦信号。经整形电路处理后,两者仍保持相差 1/4 周期的相位关系。再经过细分及辨向电路,根据运动的方向来控制可逆计数器做加法或减法计数,测量电路框图如图 6-42(c)所示。测量显示的零点由外部复位开关完成。

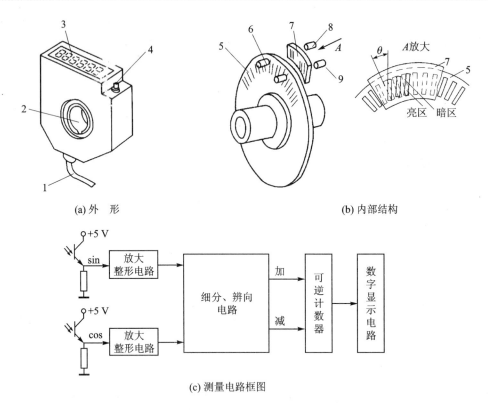

(a) 外形　　　　　　　　　　　　(b) 内部结构

(c) 测量电路框图

1—电源线(+5 V)；2—轴套；3—数字显示器；4—复位开关；5—主光栅；
6—红外发光二极管；7—指示光栅；8—sin 光敏三极管；9—cos 光敏三极管

图 6-42　ZBS 型轴环式光栅数显表示意图

轴环式光栅数显表可以安装在中小型机床的进给手轮（刻度轮）的位置，可以直接读出进给尺寸，减少停机测量的次数，从而提高工作效率和加工精度。

6.4.4　光栅传感器的应用

图 6-43～图 6-45 所示是光栅传感器在数控机床中的应用。

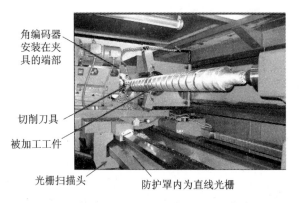

图 6-43　安装有直线光栅的数控机床

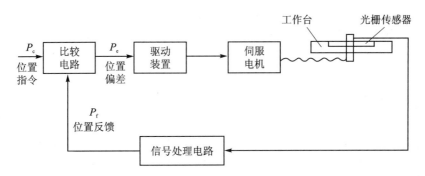

图 6-44 数控机床的位置控制系统

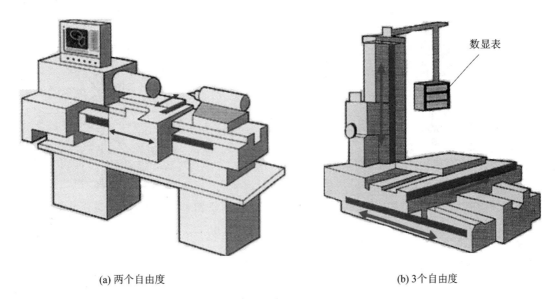

(a) 两个自由度　　　　　　　　　(b) 3个自由度

图 6-45 光栅在机床上的安装位置

6.5 小制作——转速测量仪

转速测量仪是根据应变式传感器的工作原理制作的,其具有准确度高、易于制作、成本低、体积小巧、实用等特点。

1. 整体设计框图

转速测量仪的整体设计如图 6-46 所示,包括传感器、信号调理电路和显示装置。

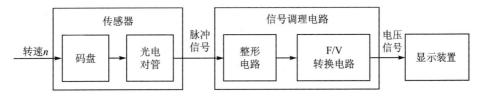

图 6-46 转速测量仪整体设计框图

2. 传感器设计

传感器由"码盘+光电对管"组成,如图 6-47 所示。该传感器将码盘的转速 n 转换为光电对管的脉冲输出,频率为 f;码盘上有 $2m$ 条黑白相间的条纹,转一圈输出 m 个脉冲信号,周期为 T(单位为 s),频率为 f,转速为 60 r/min。

3. 信号调理电路

光电对管输出的波形不是理想的矩形脉冲信号,可能会引起误码,所以需要加上整形电路,如图 6-48 所示。信号调理电路中采用整形电路,将高电平渐变的脉冲信号转换为高低电平突变的理想脉冲信号。

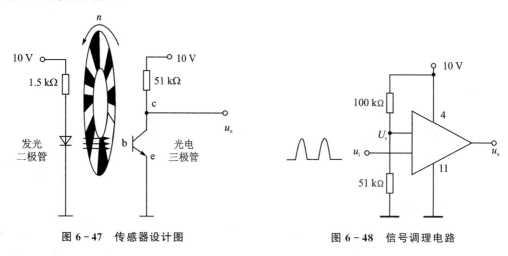

图 6-47 传感器设计图　　图 6-48 信号调理电路

4. 显示电路

经频压转换后的脉冲信号送入到不同数显万用表显示。

5. 电路组装

按图 6-46 所示设计好电路板,将元件安装到面包板上,可以使用 MOC70T3 型光电对管,使用 F/V 转换器 2907。

6. 电路调试

① 观察光电对管静态特性:MOC70T3 型光电对管的工作电压为 10 V。反复遮挡光电对管,观察光敏晶体管集电极 c 输出电平的变化。

② 测试信号调理电路:在面包板上连接信号调理电路;输入电压为三角波,频率为 1 000 Hz,峰峰值为 1 V;直流电平从 1~5 V 连续调节,观察比较器的翻转。

③ 调试码盘式传感器及信号调理电路:向转速测量装置供直流电;将整形前后的脉冲信号引入示波器的两个通道;摇动手柄,观察整形前后的波形。

④ 测试 F/V 转换器 2907 的静态特性。

项目七　其他常见量检测

实践中除了温度、力、位移、速度等我们常见的大众物理量的检测外,还有不少相对小众的物理量的检测,如成分检测、光学检测等。这些传感器在使用中体现出一些复杂用法,比如光学传感器,可以用于图像检测、位移检测、成分检测等领域,很难在单一领域或用法中讲解清楚。因此,本项目主要介绍红外传感器、光纤传感器等相关知识。这些传感器检测的种类多样,应用较多,但归类较难,故单独讲解,分类也不再局限于功能。

7.1　红外传感器

红外线技术已经得到了广泛应用,许多产品都已运用红外线技术来实现车辆测速、探测等研究。当红外线应用于速度测量领域时,最难克服的是受强太阳光等多种含有红外线的光源干扰。外界光源的干扰成为红外线应用于野外的瓶颈。

7.1.1　红外传感器的分类

红外技术已经众所周知,这项技术在现代科技、国防科技和工农业科技等领域均得到了广泛应用。

1. 按照功能分类

红外传感器是用红外线为介质的测量系统,按照功能可分为5类:
① 辐射计,用于辐射和光谱测量;
② 搜索和跟踪系统,用于搜索和跟踪红外目标,确定其空间位置并对其运动进行跟踪;
③ 热成像系统,可产生整个目标红外辐射的分布图像;
④ 红外测距和通信系统;
⑤ 混合系统,是指以上各类系统中的两个或者多个的组合。

2. 按照探测机理分类

红外传感器根据探测机理可分为以下两种:
① 将红外线能量变换为对应的热能,得到相应电阻值变化及电动势等输出信号的热型。
热型的现象俗称为焦热效应,其中,最具代表性的有测辐射热器(thermal bolometer)、热电堆(thermopile)及热电(pyroelectric)元件。
热型的优点:可常温动作下操作,不存在波长依存性(波长不同感度会有很大变化的情况),造价便宜。
热型的缺点:感度低,响应慢。
② 利用半导体迁徙现象吸收能量差的光电效果及利用PN接合的光电动势效果的量子型。
量子型的优点:感度高,响应快。
量子型的缺点:必须冷却(液体氮气),有波长依存性,价格偏高。

7.1.2 红外线的产生

红外线的波长比可见光的波长长,比电波的波长短。红外线让人觉得只由热的物体放射出来,可事实上并非如此。凡是存在于自然界的物体,如人类、火、冰等全部都会放射出红外线,只是其波长因物体的温度而有所差异。人体的体温为 36~37 ℃,可放射出峰值为 9~10 μm 的远红外线;加热至 400~700 ℃的物体,可放射出峰值为 3~5 μm 的中间红外线。

红外辐射的本质是热辐射,以波的形式在空间直线传播,真空中以光速传播。当物体温度低于 1 000 ℃时,向外辐射的不再是可见光,而是红外光。红外线在通过大气层时,有 3 个波段透过率较高,它们分别是 2~2.6 μm、3~5 μm 和 8~14 μm。

7.1.3 红外探测设备

1. 常见红外探测器

常见红外探测器按工作用途可分为红外测距、红外测温、气体成分检测、湿度检测等几种。红外探测器按工作原理可分为热探测器和光子探测器两种。

(1) 热探测器

利用红外辐射的热效应原理,探测器的敏感元件吸收辐射能后会使温度升高,进而使某些有关的物理参数发生变化,然后通过测量物理参数的变化来确定探测器所吸收的红外辐射。

(2) 光子探测器

利用入射光辐射的光子流与探测器材料中的电子相互作用,从而改变电子的能量状态,产生各种电学现象。

2. 太阳总辐射传感器

太阳总辐射传感器又称为总表,该表用于测量光照强度为 0~2 500 W/m^2 的太阳直辐射量。当太阳直辐射量超过 120 W/m^2 时,与日照时数记录仪连接,可直接测量日照时数。所以,该表可广泛应用于太阳能利用、气象、农业、建筑材料及生态考察等领域。

太阳总辐射传感器主要有直接辐射表、双金属片日照传感器与旋转式日照传感器 3 种。该表利用热电效应原理,感应元件采用绕线电镀式热电堆,其表面涂有高吸收率、高发射率的黑色涂层,该涂层可保证仪表的方位响应和余弦响应的偏差很小。热接点位于感应面上,而冷接点位于机体内,冷热接点产生温差电势,然后将其换算成辐射通量密度。

为了只让太阳辐射到达感应面,这里使用一个很小张角的遮光筒。遮光筒内有数层光栅,可减少光漫射。当对准太阳时,太阳的光恰好落在筒底的热电堆感应面上,热电堆的引线通过跟踪装置连接到记录仪。太阳总辐射传感器外观如图 7-1 所示。

3. 红外辐射传感器 IR02

IR02 是一种用于远红外(FIR)辐射观测的传感器,主要用于室外气象观测。它的科学名称叫地面辐射强度计。IR02 具有加热功能,因此可以防止结露,提高测量精度。

IR02 用于测量地球表面产生的远红外辐射量,辐射强度单位为 W/m^2。它的工作方式是无源工作方式,使用热电堆传感器,输出电压与传感器和物体视场范围内的辐射量成正比。IR02 在 4 500~50 000 nm 的整个远红外光谱范围内都有平坦的感应曲线。

装置中的 pt100 温度传感器用来测量传感器的温度,这样就使计算物体发出的辐射或者物体的温度(面向天空,所以也被称为"天空温度")成为可能。

IR02 可以直接和大部分常见的数据记录系统相连。

IR02 的一个常见的应用就是室外远红外辐射测量,与日射强度计组合在一起,成为气象观测站的一部分,这时需要有水平方向的调平。其外观如图 7-2 所示。

图 7-1 太阳总辐射传感器外观

图 7-2 IR02 外观

7.2 光学量测量

7.2.1 光电效应

光电效应分为内光电效应和外光电效应。

1. 内光电效应

内光电效应是指被光激发所产生的载流子(自由电子或空穴)仍在物质内部运动,使物质的电导率发生变化或产生光生伏特的现象。

(1) 光电导效应

在光线作用下,电子吸收光子能量从键合状态过渡到自由状态,从而引起材料电导率的变化。

当光照射到光电导体上时,若这个光电导体为本征半导体材料,且光辐射能量足够强,则光电材料价带上的电子将被激发到导带上去,使光导体的电导率变大。

基于这种效应的光电器件有光敏电阻。

(2) 光生伏特效应

"光生伏特效应"简称为"光伏效应",是指光照使不均匀半导体或半导体与金属结合的不同部位之间产生电位差的现象。它首先是由光子(光波)转化为电子、光能量转化为电能量的过程,其次是形成电压的过程。有了电压,就像筑高了大坝,如果两者之间连通,就会形成电流的回路。

光伏发电的基本原理就是"光伏效应"。太阳能专家的任务就是要完成制造电压的工作,因为要制造电压,所以完成光电转化的太阳能电池是阳光发电的关键。简单来说,就是在光作用下能使物体产生一定方向电动势的现象。基于该效应的器件有光电池、光敏二极管、光敏三极管。

2. 外光电效应

外光电效应是指被光激发产生的电子逸出物质表面,形成真空中的电子的现象。

外光电效应的一些实验规律如下：

① 仅当照射物体的光频率不小于某个确定值时，物体才能发出光电子，这个频率叫作极限频率（或叫作截止频率），相应的波长 λ_0 叫作极限波长。不同物质的极限频率和相应的极限波长 λ_0 是不同的。

② 光电子脱出物体时的初速度和照射光的频率有关而与发光强度无关。也就是说，光电子的初动能只和照射光的频率有关而和发光强度无关。

③ 在光的频率不变的情况下，入射光越强，相同时间内阴极（发射光电子的金属材料）发射的光电子数目越多。

④ 产生光电流的过程非常快，一般不超过 10^{-9} s。停止用光照射，光电流会立即停止，这表明光电效应是瞬时的。

基于外光电效应的电子元件有光电管、光电倍增管。光电倍增管能将一次次闪光转换成一个个放大了的电脉冲，然后送到电子线路中记录下来。

7.2.2 光电器件

1. 光敏电阻

当无光照时，光敏电阻值（暗电阻）很大，电路中的电流很小；当有光照时，光敏电阻值（亮电阻）急剧减少，电路中的电流迅速增大。

光敏电阻的灵敏度易受潮湿的影响，因此要将光电导体密封在带有玻璃的壳体中，其外观如图 7-3 所示。

(1) 光敏电阻的优点

优点：灵敏度高，光谱特性好，光谱响应从紫外区一直到红外区，而且其体积小、重量轻、性能稳定。

(2) 光敏电阻的特性

① 暗电阻和暗电流：光敏电阻在室温条件下，在全暗后经过一定时间测量的电阻值称为暗电阻，此时流过的电流称为暗电流。

1—梳状电极；2—光导体

图 7-3 光敏电阻外观

② 亮电阻和亮电流：光敏电阻在某一光照下的阻值称为该光照下的亮电阻，此时流过的电流称为亮电流。

③ 光电流：亮电流与暗电流之差称为光电流。

④ 伏安特性：在给定的偏压情况下，光照度越大，光电流就越大；在一定光照度下，加的电压越大，光电流越大，没有饱和现象。光敏电阻的最高工作电压是由耗散功率决定的，耗散功率又与面积和散热条件等因素有关。

⑤ 光照特性：由于光敏电阻的光照特性呈非线性，因此不宜作为测量元件，一般在自动控制系统中常用作开关式光电信号传感元件。

⑥ 光谱特性：光敏电阻对不同波长的光，其灵敏度也是不同的。

⑦ 响应时间：光电导的弛豫现象，光电流的变化对于光的变化在时间上有一个滞后，通常用响应时间 t 表示。

⑧ 频率特性：不同材料的光敏电阻具有不同的响应时间，所以它们的频率特性也就不尽相同。

⑨ 温度特性：光敏电阻受温度的影响较大。当温度升高时，它的暗电阻和灵敏度都下降。温度系数 α 为

$$\alpha = \frac{R_2 - R_1}{(T_2 - T_1)R_2} \times 100\% (\text{℃}^{-1}) \tag{7-1}$$

⑩ 温度对光谱特性的影响：随着温度的升高，光谱响应峰值向短波方向移动。因此，采取降温措施可以提高光敏电阻对长波光的响应。

2. 光电管

真空光电管的结构如图 7-4 所示，其特性如下：

(1) 伏安特性

当入射光一定时，阳极电流与阳极电压之间的关系称为伏安特性，如图 7-5 所示。

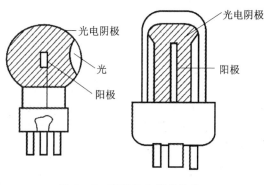

图 7-4 真空光电管的结构

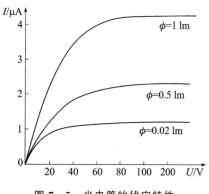

图 7-5 光电管的伏安特性

(2) 光电特性

当在阳极和阴极之间所加电压一定时，光通量与光电流之间的关系称为光电特性，如图 7-6 所示。

(3) 光谱特性

光电管对光谱的选择性称为光谱特性，如图 7-7 所示。

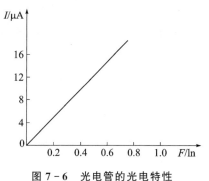

图 7-6 光电管的光电特性

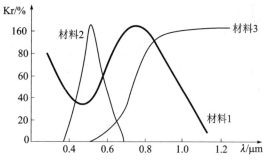

图 7-7 光电管的光谱特性

3. 光电倍增管

光电倍增管的基本原理为：光电阴极→光电倍增极→阳极。

光电倍增极是在镍或铜铍衬底上涂有锑铯等次发射材料，这种材料在具有一定能量的电

子轰击下,能产生更多的次级电子,并且电位逐级升高。阴极发射的光电子以高速射到光电倍增极上,引起二次电子发射。二次电子发射系数 σ = 二次发射电子数/入射电子数,若倍增极有 n 个,则倍增率为 σn,在 $10^5 \sim 10^6$ 之间。

光电倍增具有以下特点:

① 一个光子在阴极能够打出的平均电子数叫作光电阴极灵敏度。极间电压越高,灵敏度越高,但极间电压也不能太高,否则会使阳极电流不稳。

② 由于环境温度、热辐射和其他因素的影响,即使没有光信号输入,光电倍增管加上电压后阳极仍有电流,其称为暗电流。所以,一般在使用光电倍增管时,必须把管子放在暗室里避光使用。

③ 光电倍增管可能会受到人眼看不到的宇宙射线的照射,有电流信号输出,称为本底脉冲。

图 7-8 所示为光电倍增管的工作原理图。

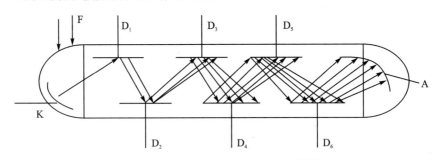

F—光线;K—阴极;A—阳极;$D_1 \sim D_6$—倍增极

图 7-8 光电倍增管的工作原理图

4. 光电池

光电池在有光线作用下时实质上就是电源,电路中有了这种器件就不需要外加电源了。光电池种类很多,有硒光电池、锗光电池、硅光电池、砷化镓、氧化铜等。

(1) 光谱特性

光电池对不同波长的光的灵敏度是不同的,故在实际应用中,要根据光源频率选择光电池,或根据光电池选择光源。例如,硒光电池适用于可见光,常用于照度计。

(2) 光照特性

不同光照度下,光电流和光生电动势是不同的。短路电流与光照度呈线性关系,开路电压与光照度呈非线性关系。光电池作为测量元件使用时,要求输入量与输出量呈线性关系,应把它当作电流源来使用。

(3) 频率响应

频率响应是指输出电流随调制光频率变化的关系。

光电池具有较高的频率响应,用于高速计数的光电转换。

(4) 温度特性

温度特性是指开路电压和短路电流随温度变化的关系。

光电池的温度特性关系到应用光电池的仪器的温度漂移,影响到测量精度、控制精度等重要指标。

5. CCD

CCD 是一种半导体器件,能够把光学影像转化为数字信号。CCD 上植入的微小光敏物质称作像素(pixel)。一块CCD上包含的像素数越多,其提供的画面分辨率就越高。CCD的作用就像胶片一样,但它是把影像像素转换成数字信号。CCD上有许多排列整齐的电容,能感应光线,并将影像转变成数字信号。经由外部电路的控制,每个小电容能将其所带的电荷转给它相邻的电容。作为一种光数转化元件,CCD具有体积小、重量轻、不受磁场影响、抗振动和撞击的特性,从而被广泛应用。

7.2.3 验证实验

实验一 光敏电阻

1. 实验原理

由半导体材料制成的光敏电阻,其工作原理基于内光电效应,当掺杂的半导体薄膜表面受到光照时,其导电率就发生变化。不同的材料制成的光敏电阻有不同的光谱特性和时间常数。由于存在非线性,因此光敏电阻一般用在控制电路中,不适于用作测量元件。

2. 实验所需器件

光敏电阻、光电传感器实验模块、电压表、示波器。

3. 实验步骤

① 观察光敏电阻,分别将光敏电阻置于光亮和黑暗之处,测得其亮电阻和暗电阻,暗电阻和亮电阻之差为光电阻。在给定工作电压下,通过亮电阻和暗电阻的电流分别为亮电流和暗电流,其差为光敏电阻的光电流。光电流越大,灵敏度就越高。

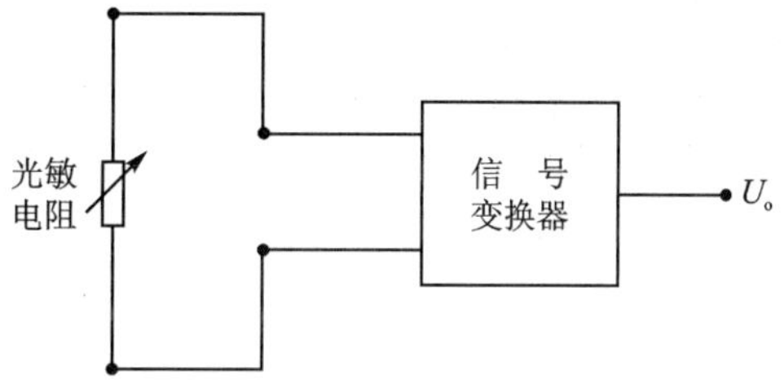

② 按图7-9所示连接主机与光电传感器实验模块的电源线及传感器接口,光敏电阻转换电路输出端U_o接电压表与示波器。

③ 开启主机电源,通过改变光敏电阻的光照程度,调节控制电位器,观察输出电压的变化情况。

图7-9 光敏电阻实验原理图

实验二 光电开关(红外发光管与光敏三极管)

1. 实验原理

光敏三极管与半导体三极管结构类似,但通常引出线只有两个,当具有光敏特性的PN结受到光照时,形成光电流。不同材料制成的光敏三极管具有不同的光谱特性。光敏三极管较之光敏二极管能将光电流放大数十倍,因此具有很高的灵敏度。

与光敏电阻等元件相似,不同材料制成的发光二极管也具有不同的光谱特性。由光谱特性相同的发光二极管与光敏三极管组成对管,安装成图7-10所示的形式,就形成了光电开关(光耦合器或光断续器)。

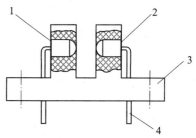

1—近红外发光二极管;2—光敏三极管;
3—支架;4—引脚
图7-10 光断续器结构示意图

2. 实验所需器件

光电开关、测速电机、示波器、电压/频率表、光纤光电传感器实验模块。

3. 实验步骤

① 观察光电开关结构：传感器是一个透过型的光断续器，工作波长为 3 μm 左右，可以用于检测物体的有无、物体的运动方向等。

② 连接主机与光纤光电传感器实验模块的电源线及传感器接口，示波器接信号输出端。

③ 开启主机电源，用手转动电机叶片分别挡住与离开传感光路，观察输出端信号的波形。开启转速电机，调节转速，观察 U_o 端连续输出方波信号，并用电压/频率表的 2 kHz 挡测转速，其中，转速＝频率表显示值÷2。

④ 若要使用数据采集卡中的转速采集功能，则需将 U_o 输出端信号送入整形电路以便得到 5 V TTL 电平输出的信号。整形电路的输出端请接主机面板上的"转速信号输入"端口，与内置数据采集卡中的频率记数端接定。

实验三　热释电红外传感器

1. 实验原理

热释电红外传感器是一种红外光传感器，属于热电型器件，当热电元件 PZT 受到光照时能将光能转换为热能，受热的晶体两端产生数量相等、符号相反的电荷，如果带上负载就会有电流流过，输出电压信号。热释电红外传感器的结构及内部电路原理图如图 7-11 所示。

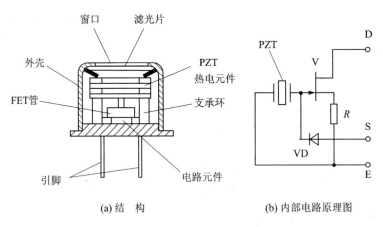

(a) 结　构　　　　　(b) 内部电路原理图

图 7-11　热释电红外传感器的结构及内部电路原理图

2. 实验所需器件

热释电红外传感器、菲涅耳透镜、温控电加热炉、温度传感器实验模块、电压表、示波器。

3. 实验步骤

① 观察传感器探头，探头表面的滤光片使传感器对 10 μm 左右的红外光敏感。安装在传感器前的菲涅耳透镜是一种特殊的透镜组，每个透镜单元都有一个不大的视场，相邻的两个透镜单元既不连续也不重叠，都相隔一个盲区，它的作用是将透镜前运动的发热体发出的红外光转变成一个又一个断续的红外信号，使传感器正常工作。

② 连接主机与温度传感器实验模块的电源线及传感器接口，转换电路输出端接电压表。

③ 开启主机电源，待热释电红外传感器稳定后，人体从传感器探头前经过，观察输出信号

电压的变化；再将手放在传感器探头前不动，此时输出信号不会变化。这说明热释电红外传感器的特点是，只有当外界的辐射引起传感器本身的温度变化时才会输出电信号，即热释电红外传感器只对变化的温度信号敏感，这一特性就决定了它的应用范围。

④ 将传感器探头对准温控电加热炉方向，开启温控电加热炉并将温度控制在50 ℃左右，用遮挡物断续探头前面的热源，观察传感器的反应。

⑤ 在传感器探头前加装菲涅耳透镜，试验传感器的探测视场和距离，以验证菲涅透镜的功能。

实验四 位置敏感探测器

1. 实验原理

位置敏感探测器(Position Sensitive Detector，PSD)是一种新型的横向光电效应器件，当入射光点照在光敏面上时，由于光生载流子的流动产生光生电流 I，经运算后即可知光点的位置。PSD工作原理如图7-12所示。

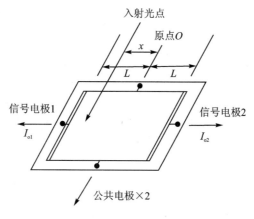

图 7-12 PSD 工作原理

2. 实验所需器件

PSD、固体激光器、位移装置、PSD实验模块、电压表、示波器。

3. 实验步骤

① 观察PSD及安装位置，固体激光器置于PSD中，调节反射体(被测物)与激光管的位置大约为70～80 mm，PSD实验模块输出端U。接电压表及示波器，连接主机与PSD实验模块的电源线及传感器探头。

② 开启主机电源，连接固体激光器电源并调节激光光点，激光束射到被测物体后，其漫反射光经透镜聚焦入射到PSD光敏面(固体激光器的光点位置可以旋转调整，以提高PSD的光电流输出)。调节位移装置，使光点位于PSD光敏面中点(通过观察窗口确认)；调节PSD实验模块"增益"旋钮，用示波器观察，输出波形不应有自激，此时PSD实验模块电路输出为零。

③ 分别向前和向后移动被测体，每移动0.1 mm记录一电压值，记入下表：

X/mm																	
U_o/mV																	

作出 U_o-X 曲线，计算灵敏度，分析线性度。

④ 用遮挡物盖住观察窗口，使 PSD 不受背景光影响，重新进行位移测试，看结果是否有变化。

4. 注意事项

本实验中的固体激光器只能作为实验光源用，严禁实验者用激光光束照射人的眼睛，否则将会造成视力不可恢复的伤害。另外，由于背景光的影响及变化，会使多次实验的结果有所不同。

7.3 光纤传感器

7.3.1 光纤基础知识

因光在不同物质中的传播速度是不同的，所以光从一种物质射向另一种物质时，在两种物质的交界面处会产生折射和反射。而且，折射光的角度会随入射光角度的变化而变化。当入射光的角度达到或超过某一角度时，折射光会消失，入射光会被全部反射回来，这就是光的全反射。不同的物质对相同波长光的折射角度是不同的（即不同的物质有不同的光折射率），相同的物质对不同波长光的折射角度也是不同的。光纤通信就是基于以上原理形成的。

1. 光纤的结构

（1）光纤物理结构

光纤裸纤一般分为 3 层：中心为高折射率玻璃芯（芯径一般为 50 μm 或 62.5 μm），中间为低折射率硅玻璃包层（直径一般为 125 μm），最外层是加强用的树脂涂层。

（2）数值孔径

入射到光纤端面的光并不能全部被光纤所传输，只是在某个角度范围内的入射光才可以。这个角度称为光纤的数值孔径。光纤的数值孔径大些对于光纤的对接是有利的。不同厂家生产的光纤的数值孔径也不同。

2. 光纤的种类

（1）按光在光纤中的传输模式分

按光在光纤中的传输模式可分为单模光纤和多模光纤，具体如下：

单模光纤：中心玻璃芯较细（芯径一般为 9 μm 或 10 μm），只能传输一种模式的光。因此，其模间色散很小，适用于远程通信。但由于其色度色散起主要作用，因此单模光纤对光源的谱宽和稳定性有较高的要求，即谱宽要窄，稳定性要好。

多模光纤：中心玻璃芯较粗（50 或 62.5 μm），可传多种模式的光。但其模间色散较大，这就限制了传输数字信号的频率，而且随距离的增加会更加严重。例如：600 MB/km 的光纤在 2 km 处则只有 300 MB 的带宽了。因此，多模光纤传输的距离比较近，一般只有几公里。

（2）按最佳传输频率窗口分

按最佳传输频率窗口可分为常规型单模光纤和色散位移型单模光纤，如下：

常规型单模光纤：光纤生产家将光纤传输频率最佳化在单一波长的光上，如 1 300 μm。

色散位移型单模光纤：光纤生产厂家将光纤传输频率最佳化在两个波长的光上，如 1 300 μm 和 1 550 μm。

(3) 按折射率分布情况分

按折射率分布情况可分为突变型光纤和渐变型光纤,如下:

突变型光纤:光纤中心芯到玻璃包层的折射率是突变的。其成本低,模间色散高,适用于短途低速通信,如工控。由于单模光纤模间色散很小,所以单模光纤都采用突变型。

渐变型光纤:光纤中心芯到玻璃包层的折射率是逐渐变小的,可使高模光按正弦形式传播,能够减少模间色散,提高光纤带宽,增加传输距离,但成本较高。现在的多模光纤多为渐变型光纤。

3. 光纤传感器的分类

光纤传感器按照测量原理不同可分为以下两种:

(1) 功能型光纤传感器

功能型光纤传感器,是利用光纤对环境变化的敏感性,将输入物理量变换为调制的光信号。其工作原理基于光纤的光调制效应,即光纤在外界环境因素,如温度、压力、电场、磁场等改变时,其传光特性,如相位与光强,会发生变化的现象。因此,如果能测出通过光纤的光的相位、光强的变化,就可以知道被测物理量的变化。这类传感器又被称为敏感元件型光纤传感器。

(2) 结构型光纤传感器

结构型光纤传感器是由光检测元件(敏感元件)与光纤传输回路及测量电路所组成的测量系统。其中,光纤仅作为光的传播媒质,所以其又称为传光型或非功能型光纤传感器。

7.3.2 光纤传感器的应用

光纤传感器可用于位移、振动、转动、压力、弯曲、应变、速度、加速度、电流、磁场、电压、湿度、温度、声场、流量、浓度、pH值和应变等物理量的测量,其应用范围很广,几乎涉及国民经济和国防上所有的重要领域和人们的日常生活。尤其可以安全有效地在恶劣环境中使用,解决了许多行业多年来一直存在的技术难题,具有很大的市场需求。光纤传感器的应用主要表现在以下几个方面:

① 在城市建设中,桥梁、大坝、油田等工程状态测试。光纤传感器可预埋在混凝土、碳纤维增强塑料及各种复合材料中,用于测试应力松弛、施工应力和动荷载应力,从而评估桥梁短期施工阶段和长期营运状态的结构性能。

② 在电力系统中,需要测定温度、电流等参数,如对高压变压器和大型电机的定子、转子内的温度检测等,由于电类传感器易受电磁场的干扰,无法在这类场合中使用,所以只能用光纤传感器。其中,分布式光纤温度传感器是近几年发展起来的一种用于实时测量空间温度场分布的高新技术,其不仅具有普通光纤传感器的优点,而且还具有对光纤沿线各点温度的分布传感能力。利用这个特点我们可以连续实时测量光纤沿线几千米内各点的温度,定位精度可达米量级,测量精度可达 1° 的水平,非常适用于大范围交点测温的应用场合。

③ 光纤传感器还可以用于铁路监控、火箭推进系统以及油井检测等方面。

同时,光纤传感器还具备大宽带、大容量、远距离传输,以及可实现多参数、分布式、低能耗传感的显著优点。各种光纤传感器均有望在物联网中得到广泛应用。

7.3.3 验证实验

实验一 光纤传感器位移测量

1. 实验原理

反射式光纤传感器工作原理图及输出特性曲线如图 7-13 所示。光纤采用 Y 型结构,两束多模光纤合并于一端组成光纤探头,一束作为接收光纤,另一束作为光源光纤。近红外二极管发出的近红外光经光源光纤照射至被测物,由被测物反射的光信号经接收光纤传输至光电转换器件转换为电信号。反射光的强弱与反射物和光纤探头的距离成一定的比例关系,通过对光强的检测就可得知位置量的变化。

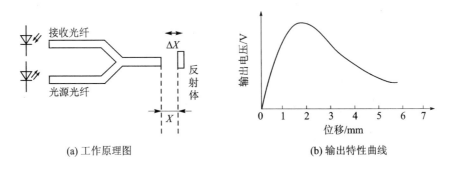

(a) 工作原理图　　　　(b) 输出特性曲线

图 7-13　反射式光纤位移传感器工作原理图及输出特性曲线

2. 实验所需器件

光纤(光电转换器)、光纤光电传感器实验模块、电压表、示波器、螺旋测微仪、反射镜片。

3. 实验步骤

① 观察光纤结构:本实验所配的光纤探头为半圆形结构,由数百根导光纤维组成,一半为光源光纤,另一半为接收光纤。

② 连接主机与光纤光电传感器实验模块的电源线及光纤变换器探头接口,光纤探头装上探头支架,光纤探头垂直对准反射片中央(镀铬圆铁片),螺旋测微仪装上支架,以带动反射镜片移动。

③ 开启主机电源,光电转换器 U_o 端接电压表。首先旋动螺旋测微仪使光纤探头紧贴反射镜片(如两表面不平行,可稍许扳动光纤探头角度使两平面吻合),此时 $U_o \approx 0$。然后旋动螺旋测微仪,使反射镜片离开光纤探头,每隔 0.2 mm 记录一数值,并记入下表:

X/mm	0	0.2	0.4	0.6	0.8	1	1.2	1.4	1.6	1.8	2	2.2	2.4	2.6	2.8	3	3.2	3.4	3.6	3.8	4
U_o/mV																					

④ 位移距离如再加大,就可观察到光纤传感器输出特性曲线的前坡与后坡波形,作出 U_o-X 曲线,通常测量用的是线性较好的前坡范围。

4. 注意事项

① 光纤请勿成锐角曲折,以免造成内部断裂;端面尤要注意保护,否则会使光通量衰耗加大,造成灵敏度下降。

② 每台仪器的光电转换器(包括光纤)与转换电路都是单独调配的,请注意与仪器编号配对使用。

③ 实验时注意调节增益,输出最大信号以3 V左右为宜,避免过强的背景光照射。

实验二　光纤传感器动态测量

1. 实验所需器件

光纤、光纤光电传感器实验模块、安装支架、反射镜片、转速电机、电压表、示波器、低频信号源。

2. 实验步骤

① 利用"实验一　光纤传感器位移测量"的结果,将光纤探头装至主机振动平台旁的支架上,在圆形振动台上的安装螺丝上装好反射镜片,选择"激振Ⅰ",调节低频信号源,反射镜片随振动台上下振动。

② 调节低频振荡信号的频率与幅值,以最大振动幅度时反射镜片不碰到探头为宜,用示波器观察振动波形,并读出振动频率。

③ 将光纤探头支架旋转,光纤探头对准转速电机叶片,距离以光纤端面居于特性曲线前坡的中点位置为好。

④ 开启电机调节转速,用示波器观察U_o端输出波形,调节示波器扫描时间及灵敏度,以能观察到清晰稳定的波形为好,必要时应调节光纤放大器的增益。

⑤ 仔细观察示波器上两个连续波形峰值的差值,根据输出特性曲线,大致判断电机叶片的平行度及振幅。

3. 注意事项

光纤探头在电机叶片上方安装后须用手转动叶片,确认无碰擦后方可开启电机,否则极易擦伤光纤端面。

实验三　光纤传感器转速测量

1. 实验步骤

① 紧接"实验二　光纤传感器动态测量",光纤端面垂直对准电机叶片,开启电机,示波器观察U_o端输出电压波形,并用电压/频率表的2 kHz挡计数。其中,电机转速=频率表显示值÷2。

② 若要使用机内设置的数据采集卡采集频率,则应将U_o端输出信号送入TTL整形电路的U_i端。

2. 注意事项

① 测转速时应避免强光直接照射叶片,以免信号过强造成放大电路饱和,必要时应减小放大器增益。

② 主机上的电机所用直流电源为直流稳压电源(−2～−10 V)。实验完成后应及时将钮子开关复位以保证稳压电源(负电源)工作正常。

7.4 成分参数检测传感器

7.4.1 气体成分检测

1. 热磁式气体分析仪

热磁式气体分析仪是利用气体热磁效应检测待测气体组分含量的仪表。

2. 热磁式氧气分析仪

热磁式氧气分析仪是利用氧气的磁化率比其他组分的大得多,温度升高而磁化率迅速下降的磁特性工作的。热磁式氧气分析仪的工作原理如图7-14所示。

3. 氧化锆式氧量分析仪

氧化锆式氧量分析仪是由氧化锆固体电解质管、铂电极和引线构成的,其结构示意图如图7-15所示。

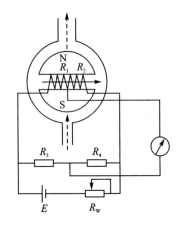
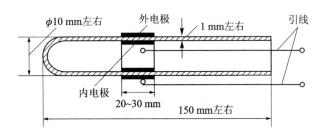

图7-14 热磁式氧气分析仪的工作原理　　图7-15 氧化锆式氧量分析仪的结构示意图

4. 红外线气体分析仪

红外线气体分析仪是应用气体对红外线的吸收原理制成的,具有灵敏度高、分析范围广、选择性好等特点。

(1) 红外线及其特征

红外线是一种波长介于可见光和无线电波之间的电磁波。红外线气体分析仪主要用 $1\sim25\ \mu m$ 的波段。

红外线具有两个特征:一是可被物质选择性吸收,二是吸收时能量守恒。

(2) 红外线气体分析仪的组成

红外线气体分析仪主要由红外线辐射光源、气室、红外探测器以及电器电路等部分组成。

7.4.2 液体浓度检测

工业电导仪是通过测量溶液的电导率,间接得到溶液浓度的一种传感器。电解质溶液是电的良导体,其电导率不仅与溶液性质有关,而且还与浓度有关,只要测出溶液的电导率,就可知道其浓度。

电导检测器是测量溶液电导率的装置。图 7-16 所示为平衡电桥测量法原理线路图。电桥平衡时有

$$R_x = \frac{R_3}{R_2} R_1 \tag{7-2}$$

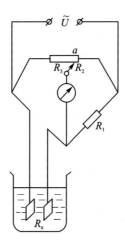

图 7-16 平衡电桥测量法原理线路图

7.4.3 湿度与含水量检测

气体中的水分含量称为湿度,固体中的水分含量称为含水量。

1. 湿度的检测

湿度可分为绝对湿度和相对湿度。湿度的检测方法有多种,常见的有绝对测湿法、相对测湿法和毛发湿度计法。

2. 含水量的检测

含水量的检测主要有电导法、称重法、电容法、红外吸收法、微波吸收法等检测方法。其中,电导法、称重法和红外吸收法分别介绍如下:

(1) 电导法

电导法测含水量电路图如图 7-17 所示。

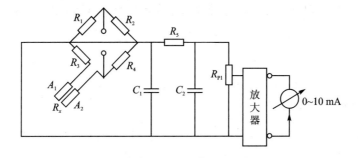

图 7-17 电导法测含水量电路图

(2) 称重法

称重法是采用红外线灯为加热源,照射被测物质使其水分完全蒸发,即烘干,再用电子称称出烘干前后的重量 W_1 和 W_2,即可求出其含水量 M,即

$$M = \frac{W_1 - W_2}{W_1} \times 100\% \tag{7-3}$$

(3) 红外吸收法

红外吸收法是根据水分对 1.94 μm 波长的红外线吸收较强,对 1.84 μm 波长的红外线几乎不吸收的特性进行测量的方法。

7.5 磁场检测传感器

7.5.1 电磁感应法

电磁感应法测磁场的理论基础为电磁感应定理。在图 7-18 中,若被测磁场按正弦规律变化,则穿过测量线圈的磁通也按正弦规律变化,即

$$\phi = \Phi_m \sin(\omega t) \tag{7-4}$$

式中:ϕ——磁通量瞬时值;
　　　Φ_m——磁通量峰值;
　　　ω——角频率;
　　　t——时间。

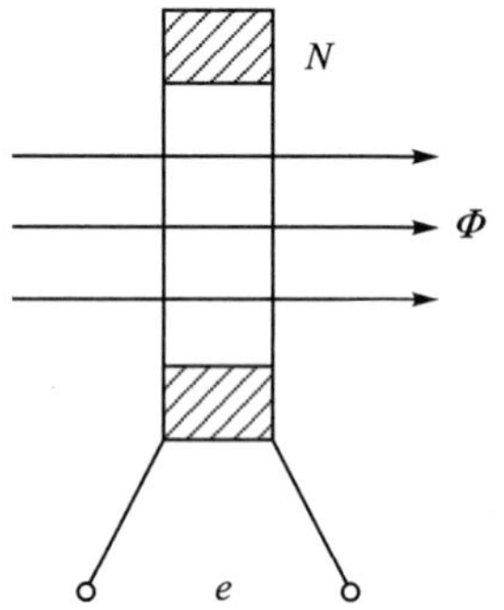

线圈产生的感应电动势 e 为

$$e = N\frac{d\phi}{dt} = \omega N \Phi_m \cos(\omega t) \tag{7-5}$$

图 7-18 电磁感应示意图

式中:N——匝数。

则有

$$\Phi_m = \frac{\sqrt{2}}{\omega N} U \tag{7-6}$$

式中:U——电压有效值。

测出感应电动势 e 即可计算出穿过线圈的磁通幅值 Φ_m。被测磁场的 B_m 为

$$B_m = \frac{\Phi_m}{S} = \frac{\sqrt{2}}{\omega S N} U \tag{7-7}$$

式中:S——线圈面积。

7.5.2 霍尔效应测量磁场

测出霍尔电势 U_H 的大小,即可得出磁感应强度。国产 CT3 型特斯拉计就是用霍尔效应测量磁感应强度的仪器,可测量交直流磁场的磁感应强度,其结构示意图如图 7-19 所示。

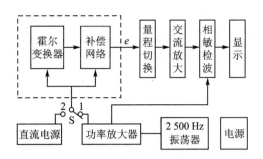

图 7-19 国产 CT 3 型特斯拉计的结构示意图

7.6 小制作——红外开关干手器

1. 电路组成及工作原理

这里采用了反射式红外传感器。如图 7-20 所示,这种传感器的发射与接收对管是一体化的,当有物体靠近时,一部分红外光被反射到接收管,从而产生控制信号。

红外开关干手器具有人或物体靠近时,自动产生控制信号控制继电器动作,使电热吹风机得电工作实现干手的功能。它具有安装方便、灵敏度高、抗干扰能力强、可在强光下工作等特点,广泛应用于家庭、工厂、医院、车站、餐馆等。

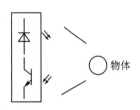

图 7-20 红外对管原理图

红外开关干手器的电路原理图如图 7-21 所示,电路中使用了集成运算放大器 OP07(或 LM741)作为电压放大器。

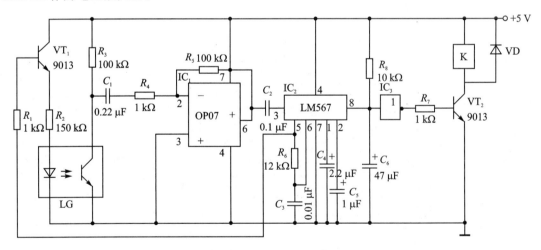

图 7-21 红外开关干手器的电路原理图

电路中还使用了锁相环音频译码器 LM567,它是一种模拟与数字电路组合器件,其电路内部有一个矩形波发生器,矩形波的频率由引脚 5、6 外接的 R、C 值决定。输入信号从引脚 3 进入 LM567 后,与内部矩形波进行比较,若信号相位一致,则引脚 8 输出低电平,否则输出高电平。需要注意的是,引脚 8 是集电极开路输出,使用时必须外接上拉电阻。

电路工作原理:将 LM567 引脚 5 上幅值约为 4 V 的标准矩形波,通过 R_1 引至三极管 VT_1 的基极,使接在 VT_1 发射极的红外线发射管导通并向周围空间发出调制红外光。当有人洗完手需要干手时,接近红外开关干手器的手将红外光反射回一部分,被红外接收管接收并转换为相应的交变电压信号,经 C_1 耦合至集成运算放大器进行放大后,再经 C_2 输入 LM567 的引脚 3,经识别译码后,使引脚 8 输出低电平,又经反相后,驱动三极管 VT_2 导通,使继电器吸合,继电器控制安装在红外开关干手器上的电热吹风机工作,当手离开后电路又恢复等待状态。

2. 组装与调试

① 根据图 7-21 所示电路原理图设计与制作印制电路板。
② 检测元器件。
③ 按无线电装接工艺要求安装、焊接元器件。
④ 通电调试。

用示波器的双通道输入,观察红外接收管的波形,并将其与 LM567 引脚 5 的波形进行比较,观察它们的相位是否一致。

用手靠近红外传感器,观察电路是否动作。若动作不正常,则检查耦合电容 C_1、C_2 前后的信号波形,观察比较 LM567 的引脚 3 与引脚 5 信号的相位。若引脚 3 与引脚 5 的波形相位一致,但引脚 8 仍为高电平,可减小 R_1 或 R_2 的值,以增大红外光发射强度,直至引脚 8 跳变为低电平;若引脚 3 与引脚 5 的波形相位一致,但手远离红外传感器时,引脚 8 为低电平,继电器不释放,一般来说是因为红外线传感器的灵敏度过高,此时可增大 R_1 或 R_2 的值,以减小系统灵敏度,直至引脚 8 跳变为高电平。

测量红外传感器的作用距离并记录。

3. 元件清单

元件清单如表 7-1 所列。

表 7-1 元件清单

元件符号	规格及型号	备 注
LG	—	反射式红外传感器
IC_1	OP07(或 LM741)	集成运算放大器
IC_2	LM567	锁相环音频译码器
IC_3	74LS04	反相器
VT_1、VT_2	9013	NPN 小功率晶体管
VD	1N4148	二极管
R_1、R_7	1 kΩ	1/8 W 碳膜电阻器
R_2	150 kΩ	1/8 W 碳膜电阻器
R_3	100 kΩ	1/8 W 碳膜电阻器
R_4	1 kΩ	1/8 W 碳膜电阻器
R_5	100 kΩ	1/8 W 碳膜电阻器
R_6	12 kΩ	1/8 W 碳膜电阻器

续表 7-1

元件符号	规格及型号	备注
R_8	10 kΩ	1/8 W 碳膜电阻器
C_1	0.22 μF/63 V	瓷介或涤纶电容器
C_2	0.1 μF/63 V	瓷介或涤纶电容器
C_3	0.01 μF/63 V	瓷介或涤纶电容器
C_4	2.2 μF/16 V	铝电解电容器
C_5	1 μF/16 V	铝电解电容器
C_6	47 μF/16 V	铝电解电容器
K	JRX-13F/006	小型电磁式继电器

项目八　抗干扰技术

检测装置主要用于实际的工业生产过程,而工业现场的环境往往干扰十分严重。这些干扰的存在轻则影响测量精度,重则使得测量结果完全失常,因此,有效地排除和抑制各种干扰,保证检测装置能在实际应用中可靠地工作,已成为必须探讨和解决的问题。本项目将介绍检测装置的干扰类型、干扰的传输途径以及干扰的硬软件抑制技术。

8.1　干扰的来源

8.1.1　常见的干扰类型

检测装置总是存在着影响测量结果的各种干扰因素,而这些干扰因素均来自于干扰源,若按干扰的来源分,可把干扰分成外部干扰和内部干扰两大类。

1. 外部干扰

外部干扰主要来自于自然界以及检测装置周围的电气设备,是由使用条件和外界环境决定的,与系统装置本身的结构无关。

(1) 自然界产生的干扰

自然现象:如雷电、大气电离、宇宙射线、太阳黑子活动以及其他电磁波干扰。

自然界的干扰不仅对通信、导航设备有较大影响,而且由于现在的检测装置已广泛使用半导体器件,所以在射线作用下会激发电子、空穴对而产生电动势,以致影响检测装置的正常工作。

(2) 检测装置周围的电气设备产生的干扰

例如,电磁场、电火花、电弧焊接、高频加热、晶闸管整流装置等强电系统的影响。这些干扰主要通过供电电源对检测装置产生影响。

在大功率供电系统中,大电流输电线产生的交变电磁场也会对检测装置产生干扰。

2. 内部干扰

内部干扰是由装置内部的各种元器件引起的,它包括固定干扰和过渡干扰两种。其中,过渡干扰是电路在动态工作时引起的干扰;固定干扰是引起测量随机误差的主要原因,一般很难消除,主要靠改进工艺和元器件质量来抑制。

常见固定干扰包括:

① 电阻中随机性电子热运动引起的热噪声;

② 半导体及电子管内载流子随机运动引起的散粒噪声;

③ 当两种导电材料之间不完全接触时,由于接触面电导率不一致而产生的接触噪声;

④ 继电器的动静触头接触时发生的噪声等;

⑤ 因布线不合理,寄生振荡引起的干扰热骚动的噪声干扰等。

8.1.2 噪声与信噪比

1. 噪声

噪声就是检测系统及仪表电路中混进去的无用信号。

通常所说的干扰就是噪声造成的不良效应。噪声和有用信号的区别在于,有用信号可以用确定的时间函数来描述,而噪声则不可以用预先确定的时间函数来描述。

噪声属于随机过程,必须用描述随机过程的方法来描述,分析方法亦应采用随机过程的分析方法。

2. 信噪比

在测量过程中,人们不希望有噪声信号,但事实上噪声总是与有用的信号联系在一起,而且人们也无法完全排除噪声,只能要求噪声尽可能小,究竟允许多大的噪声存在,必须与有用信号联系在一起考虑。显然,大的有用信号,允许噪声较大,而小的有用信号,则允许噪声也随之减小。

为了衡量噪声对有用信号的影响,需引入信噪比(S/N)的概念。信噪比是指在通道中有用信号成分与噪声信号成分之比。

设有用信号功率为 P_S,有用信号电压为 U_S,噪声功率为 P_N,噪声电压为 U_N,则有

$$\frac{S}{N} = 10\lg \frac{P_S}{P_N} = 20\lg \frac{U_S}{U_N} \tag{8-1}$$

式(8-1)表明,信噪比越大,则噪声的影响越小。在检测装置中应尽量提高信噪比。

8.2 干扰的耦合方式及传输途径

干扰必须通过一定的耦合通道或传输途径才能对检测装置的正常工作造成不良的影响,也就是说,造成系统不能正常工作的干扰需要具备3个条件:

① 干扰源;
② 对干扰敏感的接收电路;
③ 干扰源到接收电路之间的传输途径。

8.2.1 干扰耦合方式

常见的干扰耦合方式主要有:静电耦合、电磁耦合、共阻抗耦合、漏电流耦合。

1. 静电耦合

静电耦合是由于两个电路之间存在着寄生电容,从而使一个电路的电荷影响到另一个电路。一般情况下,静电耦合传输干扰如图8-1所示。

根据图8-1所示的电路,可以写出 Z_i 上干扰电压的表达式:

因为

$$U_{nc} = E_n \frac{Z_i}{Z_c + Z_i} = E_n \frac{Z_i}{\dfrac{1}{j\omega C_m} + Z_i}$$

所以

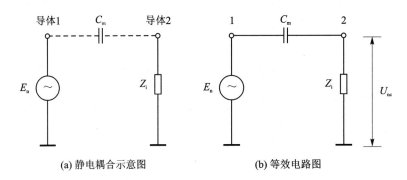

E_n—干扰源电压;Z_i—被干扰电路的输入阻抗;C_m—造成静电耦合的寄生电容

图 8-1 静电耦合等效电路

$$U_{nc}=E_n\frac{Z_i}{Z_c+Z_i}=E_n\frac{j\omega C_m Z_i}{1+j\omega C_m Z_i} \qquad (8-2)$$

式中：ω——干扰源 E_n 的角频率。

考虑到一般情况下有 $|j\omega C_m Z_i|\ll 1$,故式(8-2)可简化为

$$U_{nc}=j\omega C_m Z_i E_n \qquad (8-3)$$

从式(8-3)可以得到以下结论：

① 干扰源的频率越高,静电耦合引起的干扰越严重。

② 干扰电压 U_{nc} 与接收电路的输入阻抗 Z_i 成正比,因此,降低接收电路输入阻抗可减少静电耦合的干扰。

③ 应通过合理布线和适当防护措施,减小分布电容 C_m,以减少静电耦合引起的干扰。

图 8-2 所示为仪表测量电路受静电耦合影响而产生干扰的示意图及等效电路。

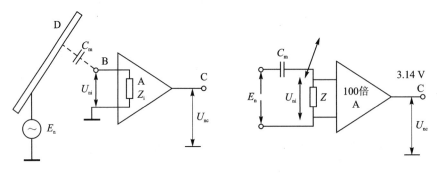

D—导体对地具有电压 E_n 的干扰源;B—受干扰的输入测量电路导体;C_m—A 与 B 之间的寄生电容;
Z_i—放大器的输入阻抗;U_{nc}—测量电路输出的干扰电压;Z——等效阻抗

图 8-2 静电耦合对测量电路的干扰

设 $C_m=0.01$ pF,$Z_i=0.1$ MΩ,$K=100$,$E_n=5$ V,$f=1$ MHz,则上述经放大器输出端的干扰电压可达 3.14 V。显而易见,这样大的干扰电压是不能容忍的。

2. 电磁耦合

电磁耦合又称互感耦合。当两个电路之间有互感存在时,一个电路的电流变化就会通过磁交链影响到另一个电路,从而形成干扰电压。在电气设备内部,变压器及线圈的漏磁就是一种常见的电磁耦合干扰源。另外,任意两根平行导线也会产生这种干扰。

一般情况下,电磁耦合及其等效电路如图 8-3 所示。

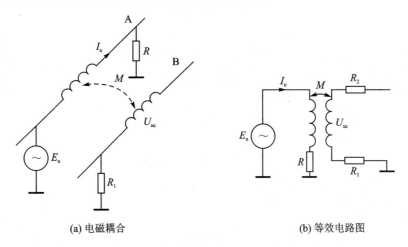

(a) 电磁耦合　　　　　　　　　　(b) 等效电路图

I_n—电路 A 中的电流干扰源;M—两电路之间的互感;U_{nc}—电路 B 中所引起的感应干扰电压

图 8-3　电磁耦合及其等效电路

根据交流电路理论和等效电路可得

$$U_{nc} = j\omega M I_n \tag{8-4}$$

式中:ω——电流干扰源 I_n 的角频率。

分析式(8-4)可以得出:干扰电压 U_{nc} 正比于干扰源的电流 I_n,以及干扰源的角频率 ω 和互感 M。图 8-4 所示是交流电桥测量电路受磁场耦合干扰的示意图,图中 U_o 为电桥输出的不平衡电压,交流供电电源频率为 10 kHz,导体 B 在电桥附近产生干扰磁场,并耦合到电桥测量电路上。若 $I_n = 10$ mA,$M = 0.1$ μH,干扰源的频率($f = 10$ kHz)与交流供电电源频率相

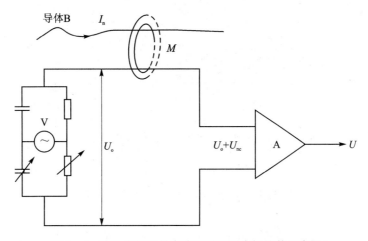

图 8-4　交流电桥测量电路受磁场耦合干扰的示意图

同,则由式(8-4)可得

$$U_{nc} = \omega M I_n = 2\pi \times 10 \times 10^3 \times 0.1 \times 10^{-6} \times 10 \times 10^{-3} (\text{V}) = 62.8(\mu\text{V})$$

其中,$\omega = 2\pi f$。

可见,电磁耦合也是较严重的,应给予足够的重视。

3. 共阻抗耦合

共阻抗耦合干扰是由于两个以上电路有公共阻抗,当一个电路中的电流流经公共阻抗产生压降时,就会形成对其他电路的干扰电压。

共阻抗耦合等效电路如图8-5所示,图中Z_c表示两个电路之间的共有阻抗,I_n表示干扰源的电流,U_{nc}表示被干扰电路的干扰电压。

根据图8-5所示的共阻抗耦合等效电路,被干扰电路的干扰电压U_{nc}可表示为

$$U_{nc} = I_n Z_c \tag{8-5}$$

由式(8-5)可知,共阻抗耦合干扰电压U_{nc}正比于共有阻抗Z_c和干扰源电流I_n,若要消除共阻抗耦合干扰,首先要消除两个或几个电路之间的共有阻抗。

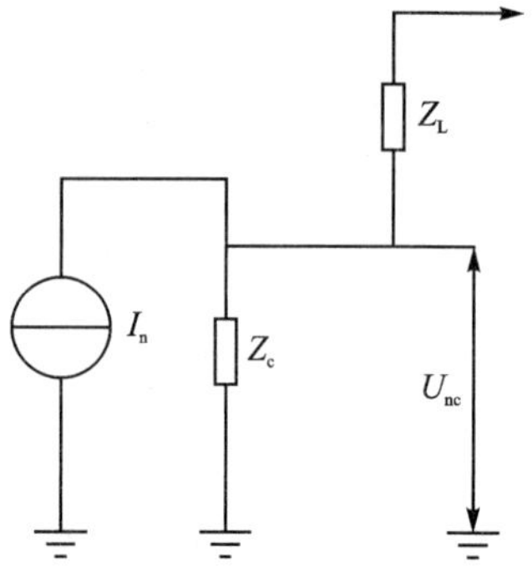

图 8-5 共阻抗耦合等效电路

共阻抗耦合干扰在测量仪表的放大器中是很常见的干扰,其会使放大器工作不稳定,很容易产生自激振荡,破坏正常工作。

电源电阻的共阻抗耦合干扰:

① 当几个电子线路共用一个电源时,其中一个电路的电流流过电源内阻抗时就会造成对其他电路的干扰。

② 如图8-6所示,两个三级放大器电路由同一直流电源E供电,由于电源具有内阻抗Z_c,所以当上面的放大器的输出电流i_1流过Z_c时,就会在Z_c上产生干扰电压$U_1 = i_1 Z_c$,此电压通过电源线传导到下面的放大器,对下面的放大器产生干扰。

③ 对于每个三级放大器,末级的动态电流都比前级大得多。因此,末级动态电流流经电源内阻时所产生的压降对前两级电路来说,相当于电源被动干扰,对于多级放大器来说,这种电源波动干扰是一种寄生反馈,当它符合正反馈条件时,轻则造成工作不稳定,重则会引起自激振荡。

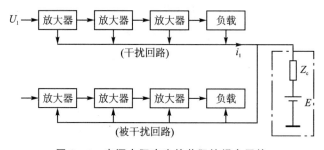

图 8-6 电源内阻产生的共阻抗耦合干扰

4. 漏电流耦合

由于绝缘不良,所以由流经绝缘电阻R的漏电流所引起的干扰叫作漏电流耦合。图8-7所示为漏电流引起干扰的等效电路。

从图 8-7 所示的等效电路中可以写出 U_{nc} 的表达式：

$$U_{nc} = E_n \frac{Z_i}{R_n + Z_i} \quad (8-6)$$

漏电流耦合经常发生在用仪表测量较高的直流电压的场合，或检测装置附近有较高的直流电压源的场合，或高输入阻抗的直流放大器中。

例 8-1 如图 8-7 所示，直流放大器的输入阻抗 $Z_i = 10^8 \ \Omega$，干扰源电动势 $E_n = 15 \ V$，绝缘电阻 $R_n = 10^{10} \ \Omega$。估算漏电流干扰对此放大器的影响。

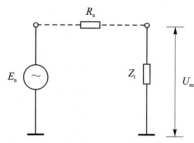

E_n—干扰源电动势；R_n—漏电阻；
Z_i—漏电流流入电路的输入阻抗；U_{nc}—干扰电压

图 8-7　漏电流引起干扰的等效电路

解：根据给出的数据可得

$$U_{nc} = E_n \frac{Z_i}{R_n + Z_i} = 15 \ \frac{10^8}{10^{10} + 10^8} = 0.149(V)$$

从以上估算可知，对于高输入阻抗放大器来说，即使是微弱的漏电流干扰，也将造成严重的后果，所以必须提高与输入端有关电路的绝缘水平。

8.2.2　差模干扰和共模干扰

各种干扰源产生的干扰必然通过各种耦合方式及传输途径进入检测装置。根据干扰进入测量电路的方式以及与有用信号的关系，可将干扰分为差模干扰和共模干扰。

1. 差模干扰

差模干扰又称串模干扰、正态干扰、常态干扰、横向干扰等，它是指干扰电压与有效信号串联叠加后作用到检测装置的输入端，如图 8-8 所示。

差模干扰通常来自高压输电线、与信号线平行铺设的电源线以及大电流控制线所产生的空间电磁场。由传感器来的信号线有时长达一二百米，干扰源通过电磁感应和静电耦合的作用，再加上如此长的信号线上的感应电压，差模干扰量是相当可观的。

例如，当一路电线与信号线平行敷设时，信号线上的电磁感应电压和静电感应电压都可分别达到毫伏级，然而来自传感器的有效信号电压的动态范围通常仅有几十毫伏，甚至更小。

综上所述，可知：

① 由于检测装置的信号线较长，通过电磁和静电耦合所产生的感应电压有可能达到与被测有效信号相同的数量级，甚至比后者大得多；

② 对于检测装置，除了信号线引入的差模干扰外，信号源本身固有的漂移、纹波，以及电源变压器不良屏蔽等也会引入差模干扰。

图 8-9 所示就是一种较常见的外来交变磁通对传感器的一端进行电磁耦合产生差模干

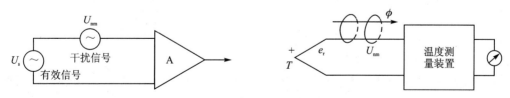

图 8-8　差模干扰等效电路　　　　　图 8-9　产生差模干扰的典型例子

扰的典型例子。外来交变磁通 ϕ 穿过其中一条传输线,产生的感应干扰电动势 U_{nm} 便与热电偶电动势 e_r 相串联。

消除差模干扰的常用方法:
① 可用低通输入滤波器滤除交流干扰;
② 应尽可能早地对被测信号进行前置放大,以提高回路中的信噪比;
③ 在选取组成检测系统的元器件时,可以采用高抗扰度的逻辑器件,通过提高阈值电平来抑制低噪声的干扰,或采用低速逻辑部件来抑制高频干扰;
④ 信号线应选用带屏蔽层的双绞线或电缆线,并有良好的接地系统。

2. 共模干扰

共模干扰又称纵向干扰、对地干扰、间相干扰、共态干扰等,它是指检测装置两个输入端对地共有的干扰电压。这种干扰可以是直流电压,也可以是交流电压,其幅值可达几伏甚至更高。

造成共模干扰的主要原因是,被测信号的参考接地点和检测装置输入信号的参考接地点不同,从而产生一定的电压。共模干扰的形成如图 8-10 所示。虽然它不直接影响测量结果,但当信号输入电路不对称时,它会转化为差模干扰,对测量产生影响。

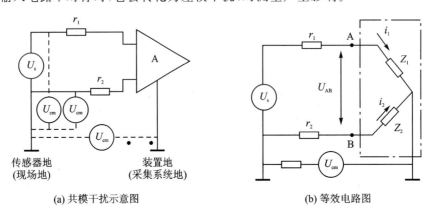

(a) 共模干扰示意图   (b) 等效电路图

图 8-10 共模干扰的形成

由图 8-10(b)可知,共模干扰电压 U_{cm} 对两个输入端形成两个电流回路,输入端 A、B 的共模电压分别为

$$U_A = r_1 \frac{U_{cm}}{r_1 + Z_1}$$

$$U_B = r_2 \frac{U_{cm}}{r_2 + Z_2}$$

两个输入端之间呈现的共模电压为

$$U_{AB} = U_A - U_B = r_1 \frac{U_{cm}}{r_1 + Z_1} - r_2 \frac{U_{cm}}{r_2 + Z_2} = U_{cm} \left(\frac{r_1}{r_1 + Z_1} - \frac{r_2}{r_2 + Z_2} \right)$$

式中:r_1、r_2——长电缆导线电阻;

Z_1、Z_2——共模电压通道中放大器输入端的对地等效阻抗,对地等效阻抗与放大器本身的输入阻抗、传输线对地的漏抗以及分布电容有关。

结论:

① 由于存在共模干扰电压 U_{cm}，所以在放大器输入端产生一个等效的电压 U_{AB}，如果此时 $r_1=r_2$，$Z_1=Z_2$，则 $U_{AB}=0$ 表示不会引入共模干扰。但实际上无法满足上述条件，一般情况下，共模干扰电压总是转化成一定的差模干扰，出现在两个输入端之间。

② 共模干扰作用与电路对称程度有关，r_1、r_2 的数值越接近，Z_1、Z_2 越平衡，则 U_{AB} 越小。

3. 共模干扰抑制比

根据共模干扰只有转换成差模干扰才能对检测装置产生干扰作用的原理可知，共模干扰对检测装置的影响程度直接取决于共模干扰转换成差模干扰的多少。

为了衡量检测系统对共模干扰的抑制能力，因此引入共模干扰抑制比这一重要概念。共模干扰抑制比的定义为，作用于检测系统的共模干扰信号与使该系统产生同样输出所需的差模信号之比，通常以对数形式表示为

$$\text{CMRR} = 20\lg \frac{U_{cm}}{U_{nm}} \qquad (8-7)$$

式中：U_{cm}——作用于此检测系统的实际共模干扰信号；

U_{nm}——检测系统产生同样输出所需的差模信号。

共模干扰抑制比也可以定义为检测系统的差模增益与共模增益之比，可用数学式表示为

$$\text{CMRR} = 20\lg \frac{K_{nm}}{K_{cm}} \qquad (8-8)$$

式中：K_{nm}——差模增益；

K_{cm}——共模增益。

以上两种定义都说明了 CMRR 越高，检测装置对共模干扰的抑制能力就越强。

共模干扰是一种常见的干扰源，抑制其有许多方法，常采用的有：

① 采用双端输入的差分放大器作为仪表输入通道的前置放大器，是抑制共模干扰的有效方法，设计比较完善的差分放大器，在不平衡电阻为 1 kΩ 的条件下，共模抑制比 CMRR 可达 100～160 DB；

② 采用变压器或光耦合器把各种模拟负载与数字信号隔离开来，也就是把"模拟地"与"数字地"断开，被测信号通过变压器耦合或光电耦合获得通路，共模干扰由于不成回路而得到有效的抑制；

③ 采用浮地输入双层屏蔽放大器来抑制共模干扰，这是利用屏蔽方法使输入信号的"模拟地"浮空，从而达到抑制共模干扰的目的。

8.3 干扰抑制技术

检测装置的干扰抑制技术的着眼点还是放在抑制干扰形成的"三要素"上，即

① 消除或抑制干扰源；

② 阻断或减弱干扰的耦合通道或传输途径；

③ 削弱接收电路对干扰的灵敏度。

3 种措施比较起来，消除干扰源是最有效、最彻底的方法，但在实际中不少干扰源是很难消除的，因此就必须采取防护措施来抑制干扰，而干扰抑制技术主要就是研究如何阻断干扰的传输途径和耦合通道。对于削弱接收电路对干扰的灵敏度，可通过电子线路板的合理布局，

如输入电路采用对称结构,以及信号的数字传输、信号传输线采用双绞线等措施来实现。

干扰信号主要是通过电磁感应、传输通道和电源线 3 种途径进入检测装置内部的,因此,检测装置的干扰抑制技术也是针对这 3 种情况来采取相应的有效措施的。

常采用的措施如下:

① 硬件抗干扰措施:屏蔽技术、接地技术、浮空技术、隔离技术、滤波器等。

② 软件抗干扰措施:数字滤波、冗余技术等。

8.3.1 硬件抗干扰措施

1. 屏蔽技术

屏蔽技术主要是抑制电磁感应对检测装置的干扰,它是利用铜或铝等低阻材料或磁性材料把元件、电路、组合件或传输线等包围起来以隔离内外电磁的相互干扰。

屏蔽包括静电屏蔽、电磁屏蔽、低频磁屏蔽和驱动屏蔽。

(1) 静电屏蔽

在静电场作用下,导体内部无电力线,即各点等电位。因此,采用导电性能良好的金属作屏蔽盒,并将其接地,使其内部的电力线不外传,同时也使外部的电力线不影响其内部。

静电屏蔽能防止静电场的影响,用它可以消除或削弱两电路之间由于寄生分布电容耦合而产生的干扰。

(2) 电磁屏蔽

电磁屏蔽是采用导电良好的金属材料做成屏蔽层,利用高频干扰电磁场在屏蔽体内产生涡流,然后利用涡流消耗高频干扰磁场的能量,从而削弱高频电磁场的影响。若将电磁屏蔽层接地,则同时兼有静电屏蔽的作用。也就是说,用导电良好的金属材料做成的接地电磁屏蔽层,可同时起到电磁屏蔽和静电屏蔽两种作用。

(3) 低频磁屏蔽

电磁屏蔽的措施对低频磁场干扰的屏蔽效果是很差的,因此对低频磁场的屏蔽要用高导磁材料作屏蔽层,以便将干扰磁通限制在磁阻很小的磁屏蔽体的内部,防止其干扰。

通常采用坡莫合金等对低频磁通有高磁导率的材料,同时要有一定厚度,以减少磁阻。但是,某些高导磁材料,如坡莫合金,经机械加工后,其磁性能会降低。因此,用这些材料制成的屏蔽体在加工后应进行热处理。

(4) 驱动屏蔽

驱动屏蔽就是使被屏蔽导体的电位与屏蔽导体的电位相等,其原理如图 8-11 所示。

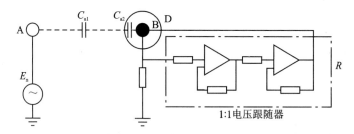

图 8-11 驱动屏蔽示意图

若 1∶1 电压跟随器是理想的,即在工作中导体 B 与屏蔽层 D 之间的绝缘电阻为无穷大,并且等电位,那么,在导体 B 与屏蔽层 D 之间的空间无电力线,各点等电位。这说明:图 8-11 中的 A 噪声源的电场 E_n 影响不到导体 B。这时,尽管导体 B 与屏蔽层 D 之间存在寄生电容 C_{a2},但是,因导体 B 与屏蔽层 D 等电位,故此寄生电容也不起作用。因此,驱动屏蔽能有效抑制通过寄生电容的耦合干扰。

2. 接地技术

正确接地是检测系统抑制干扰所必须注意的问题。在设计中,若能把接地和屏蔽正确地结合,就能很好地消除外界干扰的影响。

接地技术的基本目的是消除各电路电流流经公共地线时所产生的噪声电压,以及免受电磁场和地电位差的影响,即不使其形成地环路。

在检测装置中,有以下几种地线:

(1) 屏蔽地线及机壳地线

这类地线是对电磁场的屏蔽,也能达到安全防护的目的,一般是接大地。

(2) 信号地线

信号地线只是电子装置的输入与输出的零信号电位公共线(基准电位线),它本身可能与大地是隔绝的。

信号地线又分两种:模拟信号地线及数字信号地线。模拟信号一般较弱,容易受干扰,故对地线要求较高;数字信号一般较强,对地线要求可降低些。为了避免两者之间相互干扰,两种地线应分别设置。

(3) 功率地线

功率地线是大电流网络部件(如中间继电器的驱动电路等)的零电平。这种大电流网络部件电路的电流在地线中产生的干扰作用大,因此,有时在电路上功率地线与信号地线是互相绝缘的。

(4) 交流电源地线

交流电源地线(即交流 50 Hz 地线)是噪声源,它必须与直流地线相互绝缘,在布线上也应使这两种地线远离。

接地设计应注意以下几点:

1) 一点接地和多点接地的使用原则

① 一般高频电路应就近多点接地,低频电路应一点接地。

② 因为在低频电路中,布线和元件间的电感影响很小,而公共阻抗影响很大,因此应一点接地。

③ 在高频电路中,地线具有电感,因而增加了地线阻抗,而且地线变成了天线,向外辐射噪声信号,因此要多点接地。

④ 通常,频率在 1 MHz 以下用一点接地,10 MHz 以上用多点接地。

2) 交流地线、功率地线与信号地线不能共用

由于流过交流地线和功率地线的电流较大,会产生数毫伏甚至几伏电压,会严重地干扰低电平信号电路,因此信号地线应与交流地线、功率地线分开。

3) 屏蔽层与公共端连接

当一个接地的放大器与一个不接地的信号源连接时,连接线的屏蔽层应接到放大器的公共端,反之应接到信号源的公共端。高增益放大器的屏蔽层应接到放大器的公共端。

4) 屏蔽(或机壳)的接地方式随屏蔽目的的不同而不同

① 电场屏蔽是为了解决分布电容问题,一般接大地。

② 电磁屏蔽主要避免雷达、短波电台等高频电磁场的辐射干扰,地线用低阻金属材料做成,可接大地,也可不接。

③ 低频磁屏蔽是防止磁铁、电机、变压器等的磁感应和耦合的,一般接大地。

5) 电缆和接插件屏蔽时的注意事项

① 高电平线和低电平线不应走同一条电缆。

② 高电平线和低电平线禁止使用同一接插件。

③ 设备上进出电缆的屏蔽应保持完整,电缆和屏蔽线也要经插件连接。

④ 当两条以上屏蔽电缆共用一个插件时,每条电缆的屏蔽层都要用一个单独接线端子,以免电流在屏蔽层流动。

(5) 常见电路及用电设备的接地方式

1) 印制电路板内的接地方式

在印制电路板内接地的基本原则是低频电路须一点接地,高频电路应就近多点接地。其中,一点接地分单级电路一点接地和多级电路一点接地两种情况。

① 单级电路一点接地。

图 8-12 所示为单级电路的一点接地方式,图中单级选频放大器电路中有 7 条线需要接地,如果只从原理图的要求进行接线,则这 7 条线可以任意接在接地母线的各个点上,如图 8-12(a)所示。

由于接地母线本身存在电阻,不同点间的电位差就有可能成为这级电路的干扰信号,如果这种干扰信号来自后级,则可能由于内部寄生反馈而引起自激振荡,而采用图 8-12(b)所示的一点接地方式就可以避免这种现象的发生。

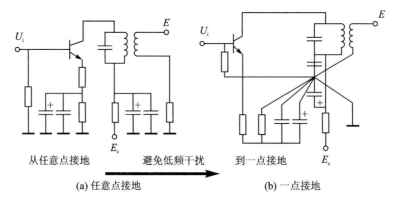

(a) 任意点接地　　(b) 一点接地

图 8-12　单级电路的一点接地方式

② 多级电路一点接地。

图 8-13 所示为多级电路的一点接地方式。

图 8-13(a)所示为串联接地方式,即多级电路通过一段公用地线后再在一点接地,它虽然避免了多点接地可能产生的干扰,但是在这段公用地线上仍存在着 A、B、C 三点不同的地电位差。由于这种接地方式布线简便,因此常用在级数不多、各种电平相差不大以及抗干扰能力较强的数字电路中。

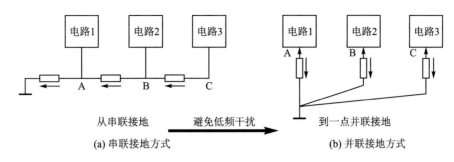

图 8 - 13 多级电路的一点接地方式

图 8 - 13(b)所示为各电路地线并联一点方式接地。这种接地方法最适用于低频电路,因为各电路之间的地电流不致耦合。各点电位只与本电路的地电流、地线阻抗有关,它们之间互不相关。但是这种接地方式不能用于高频电路,因为在高频电路中地线电感增加了电路阻抗,同时造成各地线间的电感耦合,而且地线间的分布电容也会造成彼此耦合。

2) 传感器接口电路的接地方式

图 8 - 14 所示为传感器接口电路的接地方式,其中,图 8 - 14(a)所示为两点接地系统,传感器在现场接地,检测装置部分在主控室接地,把大地看作等电位体。实际上大地各处电位是不相同的,两点接地会产生较大的共模干扰电压 U_{cm},它所产生的干扰电流流经信号线,转化为差模干扰,对检测装置带来很大的影响。图 8 - 14(b)所示为一点接地系统,从图中可以看出屏蔽层也在传感器处接地,这样共模干扰电流 i_{cm} 将大大减少,而且也不再流经信号线,只流经电缆屏蔽层,因此对检测装置影响很小,干扰情况有较大的改善。

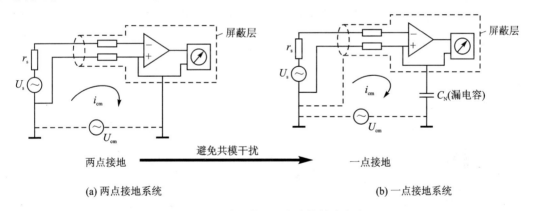

图 8 - 14 传感器接口电路的接地方式

3) 检测装置与计算机系统的一点接地

检测装置与计算机系统有多种地线,归纳起来主要有 3 种性质的地线:

① 输入信号的低电平地线;
② 功率地线(亦称噪声地线);
③ 机壳的金属件地线。

这 3 种地线应分开设置,本身要遵循"一点接地"的原则。此外,这 3 种地线最后要汇集在一起,它们在一点上再通过专用地线和大地相连,这就构成了所谓的系统地线,如图 8 - 15 所示。

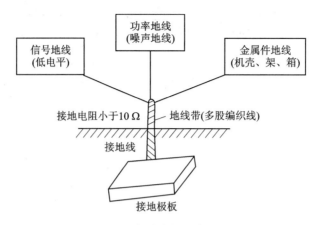

图 8-15　3 条地线与系统地线相连

系统地线包括：地线带、接地线、接地极板。

系统地线使系统以大地的某一点作为公共参考点。接地电阻越小，抗干扰效果就越显著，它是衡量接地装置与大地结合好坏的指标。计算机系统的接地电阻应在 10 Ω 以下。

4) 电缆屏蔽层的接地方式

如果检测电路是一点接地，则电缆的屏蔽层也应一点接地。下面通过具体的例子来说明接地点的选择准则。

① 如果信号源不接地而测量电路（放大器）接地，则电缆屏蔽层应接到测量电路的接地端。

图 8-16 和图 8-17 所示为信号源不接地而测量电路接地的检测系统，若电缆屏蔽层 B 点接信号源 A 点，则电缆通过绝缘层与地相连，U_{cm} 为两接地点的电位差。由图 8-16 可知，共模干扰电压 U_{cm} 在检测电路输入端要产生差模干扰电压 U_{12}。而图 8-17 中，电缆屏蔽层 C 点接地，由共模干扰电压 U_{cm} 产生的差模干扰电压 $U_{12} \approx 0$。

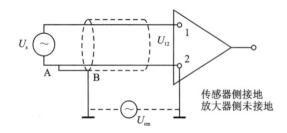

图 8-16　电缆屏蔽层不正确的接地方式之一　　图 8-17　电缆屏蔽层正确的接地方式之一

② 如果信号源接地而检测装置不接地，则电缆屏蔽层应接到信号源的接地端。

图 8-18 和图 8-19 所示为信号端接地而检测装置不接地的检测系统。在图 8-18 中，共模干扰电压 U_{cm} 会在检测装置的输入端产生差模干扰电压 U_{12}；而在图 8-19 中，差模干扰电压 $U_{12} \approx 0$，因此图 8-19 是正确的接地方式。

3. 浮空技术

浮空又称浮置、浮接。如果检测装置输入放大器的公共线既不接机壳也不接大地，则为浮空。被浮空的检测系统的检测装置与机壳、大地没有任何导电性的直接联系。浮空的目的是要阻断干扰电流的通路。浮空后,检测电路的公共线与大地(或机壳)之间的阻抗很大,因此,浮空与接地相比能更强地抑制共模干扰电流。

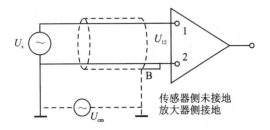

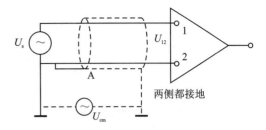

图 8-18 电缆屏蔽层不正确的接地方式之二

图 8-19 电缆屏蔽层正确的接地方式之二

如图 8-20 所示,检测电路有两层屏蔽,检测电路与内层保护屏蔽层不相连,属于浮置输入。信号屏蔽线外皮 A 点接保护屏蔽层 G 点,机壳 B 点接地。

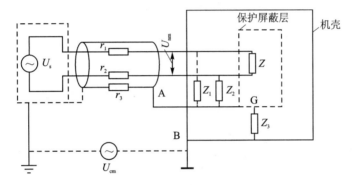

r_3—双芯屏蔽线外皮电阻;Z_3—保护屏蔽层相对机壳的绝缘阻抗

图 8-20 浮空加保护屏蔽方式

共模干扰电压 U_{cm} 先经 r_3、Z_3 分压,再由 r_1、r_2、Z_1、Z_2 分压后形成 U_{nm},其关系式为

$$U_{nm} = \frac{r_3}{r_3+Z_3} \times \frac{r_1 Z_2 - r_2 Z_1}{(r_1+Z_1)(r_2+Z_2)} U_{cm} \approx U_{cm} \frac{r_3(r_1 Z_2 - r_2 Z_1)}{Z_3(r_1+Z_1)(r_2+Z_2)}$$

显然,只要增加屏蔽层对机壳的绝缘电阻,减少相应的分布电容,使得

$$\frac{r_3}{Z_3} \leqslant 1$$

成立,则由 U_{cm} 引起的差模干扰电压 U_{nm} 将会显著地减少。这说明浮空加屏蔽的方法是从阻抗上截断了共模干扰电压 U_{cm} 与信号回路的通路。

4. 隔离技术

当检测装置的信号测量电路及信号源在两端接地时,很容易形成环路电流,引起干扰,这时就需要采用隔离的方法。特别当测量系统含有模拟与数字、低压与高压混合电路时,必须对电路各环节进行隔离,这样还可以同时起到抑制漂移和安全保护的作用。

隔离的方法主要有变压器隔离或光电耦合。

(1) 变压器隔离

在两个电路间加入隔离变压器来切断地回路,可实现前后电路的隔离,此时,两个电路接地点就不会产生共模干扰。但是,由于变压器不能用于直流信号(直流信号经调制后也可以使用,但会使系统复杂程度和成本提高),因此这种隔离方法在测量直流或低频信号时受到很大限制。

(2) 光电耦合

在直流或低频测量系统中,多采用光电耦合的方法来隔离,光电耦合器是把发光器件(如发光二极管)和光敏器件(如光敏三极管)组装在一起,通过光线实现耦合,构成电—光和光—电的转换器件。图8-21所示为常用的三极管型光电耦合器原理图。

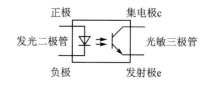

图8-21 三极管型光电耦合器原理图

当电信号送入光电耦合器的输入端时,发光二极管因通过电流而发光,光敏三极管受到光照后产生电流,ce 导通;当输入端无信号时,发光二极管不亮,光敏三极管截止,ce 不通。对于数字量,当输入为低电平"0"时,光敏三极管截止,输出为高电平"1";当输入为高电平"1"时,光敏三极管饱和导通,输出为低电平"0"。若基极有引出线,则可满足温度补偿、检测调制要求。这种光耦合器性能较好,价格便宜,因而应用广泛。

光电耦合器之所以在传输信号的同时能有效地抑制尖脉冲和各种噪声干扰,使通道上的信噪比大为提高,主要有以下几方面的原因:

① 光电耦合器的输入阻抗很小,只有几百欧姆,而干扰源的阻抗较大,通常为 $10^5 \sim 10^6$ Ω。由分压原理可知,即使干扰电压的幅度较大,但馈送到光电耦合器输入端的噪声电压却很小,只能形成很微弱的电流,由于没有足够的能量而不能使发光二极管发光,从而被抑制掉了。

② 光电耦合器的输入回路与输出回路之间没有电气联系,也没有共地,之间的分布电容极小,而绝缘电阻又很大,因此回路一边的各种干扰噪声都很难通过光电耦合器馈送到另一边,避免了共阻抗耦合干扰信号的产生。

③ 光电耦合器可起到很好的安全保障作用,即使外部设备出现故障,甚至输入信号线短接,也不会损坏仪表,因为光电耦合器的输入回路和输出回路之间可以承受几千伏的高压。

④ 光电耦合器的响应速度极快,其响应延迟时间只有 10 μs 左右,适于对响应速度要求很高的场合。

(3) 光电隔离技术的应用

1) 微机接口电路中的光电隔离

微机有多个输入端口,接收来自远处现场设备传来的状态信号,微机对这些信号处理后,输出各种控制信号去执行相应的操作。在现场环境较恶劣时,会存在较大的噪声干扰,若这些干扰随输入信号一起进入微机系统,则会使控制准确性降低,产生误动作。因此,可在微机的输入和输出端用光电耦合器作接口,对信号及噪声进行隔离。典型的光电耦合电路如图8-21所示。该电路主要应用在 A/D 转换器的数字信号输出上,及由 CPU 发出的对前向通道的控制信号与模拟电路的接口处,从而实现在不同系统间信号通路相连的同时,在电气通路上相互隔离,并在此基础上将模拟电路和数字电路相互隔离,起到抑制交叉串扰的作用。

对于线性模拟电路通道,要求光电耦合器必须具有能够进行线性变换和传输的特性,或选择对管,采用互补电路以提高线性度,或用 V/F 变换后再用数字光电耦合器进行隔离。

2) 功率驱动电路中的光电隔离

在微机控制系统中,大量应用的是开关量的控制,这些开关量一般经过微机的 I/O 输出,而 I/O 的驱动能力有限,一般不足以驱动一些点的磁执行器件,需加接驱动接口电路,为避免微机受到干扰,因而须采取隔离措施。例如,晶闸管所在的主电路一般是交流强电回路,电压较高,电流较大,不易与微机直接相连,可应用光电耦合器将微机控制信号与晶闸管触发电路进行隔离。电路实例如图 8-22 所示。

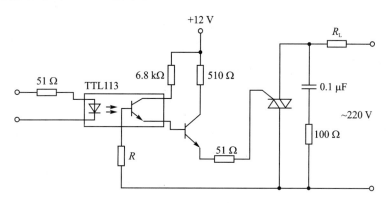

图 8-22 双向可控硅隔离电路

在马达控制电路中,也可采用光电耦合器来把控制电路和马达高压电路隔离开。马达靠 MOSFET 或 IGBT 功率管提供驱动电流,功率管的开关控制信号和大功率管之间需隔离放大级。在光电耦合器隔离级-放大器级-大功率管的连接形式中,要求光电耦合器具有高输出电压、高速和高共模抑制。

3) 远距离的隔离传送

在计算机应用系统中,由于测控系统与被测和被控设备之间不可避免地要进行长线传输,信号在传输过程中很容易受到干扰,导致传输信号发生畸变或失真;另外,在通过较长电缆连接的相距较远的设备之间,常因设备间的地线电位差导致地环路电流,对电路形成差模干扰电压。为确保长线传输的可靠性,可采用光电耦合隔离措施,将两个电路的电气连接隔开,切断可能形成的环路,使其相互独立,提高电路系统的抗干扰性能。若传输线较长,现场干扰严重,则可通过两级光电耦合器将长线完全"浮置"起来,如图 8-23 所示。

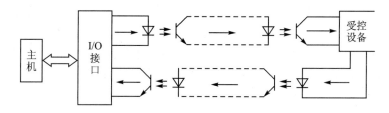

图 8-23 传输线长的光电耦合器浮置处理

长线的"浮置"去掉了长线两端间的公共地线,不但有效消除了各电路的电流经公共地线时所产生的噪声电压形成的相互串扰,而且有效解决了长线驱动和阻抗匹配问题;同时,受控设备短路时还能保护系统不受损害。

4) 过零检测电路中的光电隔离

零交叉,即过零检测,指交流电压过零点被自动检测进而产生驱动信号,使电子开关在此时开始开通。现代的零交叉技术已与光电耦合技术相结合。图 8-24 所示为一种单片机数控交流调压器中可以使用的过零检测电路。

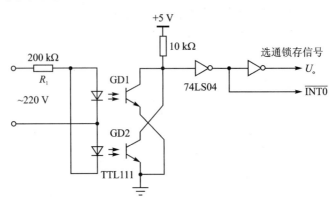

图 8-24 过零检测电路

220 V 交流电压经电阻 R_1 限流后直接加到两个反向并联的光电耦合器 GD1 和 GD2 的输入端。在交流电源的正负半周,GD1 和 GD2 分别导通,U_o 输出低电平;在交流电源正弦波过零的瞬间,GD1 和 GD2 均不导通,U_o 输出高电平。该脉冲信号经非门整形后作为单片机的中断请求信号和可控硅的过零同步信号。

5) 注意事项

① 在光电耦合器的输入部分和输出部分必须分别采用独立的电源,若两端共用一个电源,则光电耦合器的隔离作用将失去意义。

② 当用光电耦合器来隔离输入/输出通道时,必须对所有的信号(包括数字信号、控制信号、状态信号)进行隔离,使得被隔离的两边没有任何电气上的联系,否则这种隔离是没有意义的。

5. 滤波器

有时尽管采用了良好的电、磁屏蔽措施,但在传感器输出到下一环节的过程中仍不可避免地含有各种噪声信号,而这些无用的信号将同有用的信号一起被与传感器配用的电路放大。为了获得被测量的真实值,必须有效地抑制无用信号的影响,滤波器就可以起到这种作用。

滤波器是一种允许某一频带信号通过,而阻止某些频带信号通过的网络,是抑制干扰最有效的手段之一,特别是对抑制经导线耦合到电路中的噪声干扰效果更显著。

实践表明,通过电源串入的干扰噪声往往占有很宽的频带,可以近似从直流到 $0 \sim 10^9$ Hz;要想完全抑制这样宽的频率范围的干扰,只采取单一的滤波措施是很难办到的,必须在交流侧和直流侧同时采取滤波措施,而且还要与隔离变压器配合使用,才能收到良好的效果。

下面介绍在数据采集系统中广泛使用的各种滤波器。

(1) 交流电源进线对称滤波器

一般说来,通过交流电源串入的干扰信号中,频率在 100 MHz 以上的干扰对工业数据采集装置没有多大影响,主要是 100 MHz 以下的干扰信号。

干扰信号的产生:工业电网中,有多种电器和设备接入同一供电网络中,因此,瞬变过程是经常发生的,而瞬变过程常会产生大的电压及电流的变化,这不仅会使电网波形产生一定程度的畸变,而且还会通过电源线耦合到各种电路中去,对检测系统造成干扰。

为了抑制这种高频噪声干扰,可在交流电源进线端串联一个电源滤波器,如图 8-25 所示。这种高频干扰电压对称滤波器可以较有效地抑制频率为中波段的高频噪声干扰的入侵。

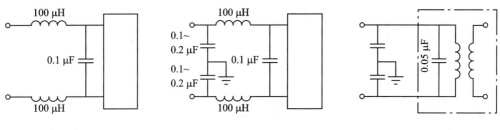

(a) 线间电压滤波器　　(b) 线间电压和对地电压滤波器　　(c) 简化的线间电压和对地电压滤波器

图 8-25　高频干扰电压对称滤波器

低频干扰电压滤波电路的主要作用是允许 50 Hz 的基波通过,而滤除其他高次谐波。此电路对抑制因电源波形失真而引起的较多高次谐波的干扰很有效,典型电路如图 8-26 所示。

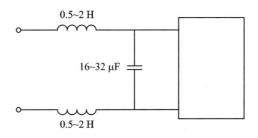

图 8-26　低频干扰电压滤波电路

(2) 直流输出滤波器

在检测装置中常需要直流电源,一般都采用直流稳压电源。它不仅可以进一步抑制来自直流电网的干扰,而且还可以抑制由于负载变化造成的直流电压的波动。

由于直流电源往往是几个电路公用的,因此为了减弱公用电源内阻在电路之间形成的噪声耦合,对直流电源的输出需加高低频成分的滤波器,如图 8-27 所示。

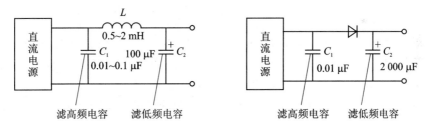

C_1—高频滤波电容;C_2—低频滤波电容

图 8-27　高频、低频干扰电压滤波器

(3) 退耦滤波器

当一个直流电源对几个电路同时供电时,为了避免通过电源内阻造成几个电路之间互相干扰,应在每个电路电源进线与地线之间加装退耦滤波器,如图 8-28 所示。

例如,一个多级放大器,每个放大器之间会通过电源内阻产生耦合干扰,故各级放大电路供电必须加入 RC 去耦滤波器。

滤波器的安装和使用应注意以下几点:

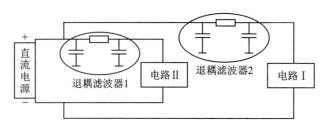

图 8-28 直流电源退耦滤波器

① 为了防止由于滤波器输入线路和输出线路的感应而导致性能下降,滤波器的输入及输出线必采用屏蔽电缆或将导线置于金属管中,电缆外壳金属管应与滤波器外壳连接,并要接地。

② 在浮地系统中,滤波器外壳应与设备机架或机箱绝缘,以防止设备带电。

③ 滤波器接地不仅是为了安全,主要用于提高滤波器抑制共模干扰的能力。因此,在可能的情况下,设备和滤波器均应有可靠的接地装置。

④ 在浮地系统中,滤波器和电网之间应接入 1:1 的隔离变压器,然后将滤波器外壳与系统的地可靠连接。

8.3.2 软件抗干扰措施

前面介绍的干扰抑制技术是采用硬件的方法阻断干扰进入检测装置的耦合通道和传输途径,这是十分必要的。但是,由于干扰存在的随机性,尤其是在一些比较恶劣的外部环境下工作的检测装置,尽管采用了硬件抗干扰措施,但并不能把各种干扰完全拒之门外。因此,将微机的软件干扰抑制技术与硬件干扰抑制技术相结合,可大大提高检测装置工作的可靠性。

常用的软件干扰措施有数字滤波、冗余技术等,其中,数字滤波主要解决来自检测装置输入通道的干扰信号;冗余技术主要解决的是,干扰信号已经通过某种途径作用到 CPU 上,使 CPU 不能按正常状态执行程序,从而引起误动作的问题。

1. 数字滤波

数字滤波具有很多硬件滤波器没有的优点:它是由软件算法实现的,不需要增加硬件设备,只要在程序进入控制算法之前附加一段数字滤波的程序;各个通道可以共用一个数字滤波器,而不像硬件滤波器那样存在阻抗匹配问题;它使用灵活,只要改变滤波程序或运算函数,就可实现不同的滤波效果,很容易解决较低频率信号的滤波问题。

常用的数字滤波方法有:算术平均值法、中位值法、抑制脉冲算术平均法(复合滤波法)。

(1) 算术平均值法

算术平均值法是对同一采样点连续采样 N 次,然后取其平均值的方法。其表达式如下:

$$y = \frac{1}{N} \sum_{k=1}^{N} x_k \tag{8-9}$$

式中:y——N 次测量的平均值;

x_k——第 k 次测量值;

N——测量次数。

算术平均值法是用的最多和最简单的方法,对周期性波动的信号有良好的平滑作用,其平滑滤波程度完全取决于 N。当 N 较大时,平滑度高,但灵敏度低,即外界信号的变化对测量

计算结果 y 的影响小;当 N 较小时,平滑度低,但灵敏度高。因此,应按具体情况选取 N。例如,对于一般流量测量,可取 $N=8\sim16$;对于压力测量,可取 $N=4$。

图 8-29 所示为 $N=8$ 的算术平均值法程序框图。

（2）中位值法

中位值法是对某一被测参数连续采样 n 次(一般取 n 为奇数),然后把 n 次采样值按大小排列,取中间值为本次采样值。

中位值法滤波能有效地克服由偶然因素引起的波动和脉冲干扰。对温度、液位等缓慢变化的被测参数采用此法能收到良好的滤波效果,但对于流量、压力等快速变化的参数一般不易采用此法滤波。

图 8-30 所示是对某点连续采样 3 次中位值法的程序流程图。

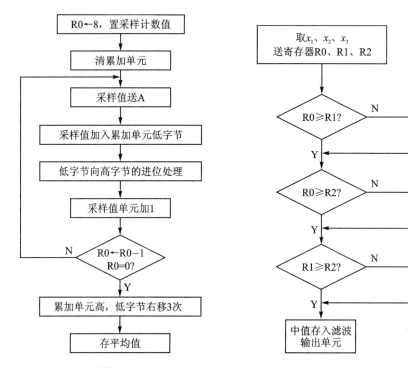

图 8-29 $N=8$ 的算术平均值法程序框图　　图 8-30 连续采样 3 次中位值法的程序流程图

（3）抑制脉冲算术平均法

从以上的讨论分析可知,算术平均值法对周期性波动信号有良好的平滑作用,但对脉冲干扰的抑制能力较差;而中位值法有良好的去脉冲干扰能力,但是,由于它又受各采样点连续采样次数的限制,所以阻碍了其性能的提高。

在实际应用中往往把前面介绍的两种方法结合起来使用,形成复合滤波算法,其特点是先用中位值法滤掉样值中的脉冲干扰,然后把剩下的各采样值进行平滑滤波。

其基本算法为:如果 $x_1 \leqslant x_2 \leqslant \cdots \leqslant x_n$,其中,$3 \leqslant n \leqslant 14$,$x_1$ 和 x_n 分别是所有采样值中的最小值和最大值,则 $y = \dfrac{x_2 + x_3 + \cdots + x_{n-1}}{n-2}$。

由于这种滤波方法兼容了算术平均值法和中位值法的优点,所以无论是对缓慢变化的过程信号还是对快速变化的过程信号,都能起到很好的滤波效果。

2. 冗余技术

干扰信号通过某种途径作用到 CPU 上,使得 CPU 不能按正常状态执行程序,从而引起的混乱,称为程序"跑飞"。程序"跑飞"后使其恢复正常的一个最简单的方法就是通过人工复位,使 CPU 重新执行程序。采用这种方法虽然简单,但是需要人的参与,而且复位不及时。人工复位一般是在整个系统已经瘫痪,无计可施的情况下才执行的,因此在进行软件设计时就要考虑到万一程序"跑飞",就应让其能自动恢复到正常状态下运行。其中,冗余技术就是经常用到的方法,它包括指令的冗余设计和数据程序的冗余设计。

所谓指令冗余,就是在一些关键的地方人为地插入一些单字节的空操指令 NOP。当程序"跑飞"到某条单字节指令上时,就不会发生将操作数当成指令来执行的情况。

例如,MCS-51 系列单片机所有的指令都不会超过 3 字节,因此在某条指令前面插两条 NOP 指令,该条指令就不会被前面冲下来的失控程序拆散,从而得到完整的执行,使程序重新纳入正常轨道。

需要注意的是,在一个程序中指令冗余不能使用得过多,否则会降低程序的执行效率。数据和程序冗余设计的基本方法是,在 EPROM 的空白区域加入一些重要的数据表和程序作为备份,以便系统程序被破坏时仍有备份参数和程序维持系统的正常工作。

项目九 传感器在自动生产线中的应用

在自动生产线控制系统中,由每一工作单元通过一台 PLC 承担其控制任务,每个工作单元之间的 PLC 通过 RS485 串行通信实现互连的分布式控制方式。根据需要选择不同厂家的 PLC 型号及其所支持的 RS485 通信模式,组建成一个小型的 PLC 网络。小型 PLC 网络以其结构简单、价格低廉的特点,在小型自动生产线中仍然有着广泛的应用,在现代工业网络通信中仍占据相当的份额。另外,掌握基于 RS485 串行通信的 PLC 网络技术将为进一步学习现场总线技术、工业以太网技术等打下了良好、扎实的基础。

9.1 自动生产线系统的组成与功能

1. 供料单元

基本功能:供料单元是起始单元,在自动生产线系统中起着向系统中其他单元提供原料的作用。

具体功能:按照需要将放置在料仓中待加工工件(原料)自动地推送到物料台上,以便输送单元的机械手将其抓取,输送到其他单元上。图 9-1 所示为供料单元实物图。

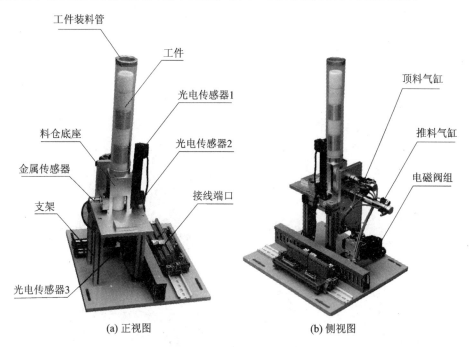

图 9-1 供料单元实物图

2. 加工单元

基本功能:把该单元物料台上的工件(工件由输送单元的抓取机械手装置送来)送到冲压

机构下面,完成一次冲压加工动作,然后再送回到物料台上,待输送单元的抓取机械手装置取出。图 9-2 所示为加工单元实物图。

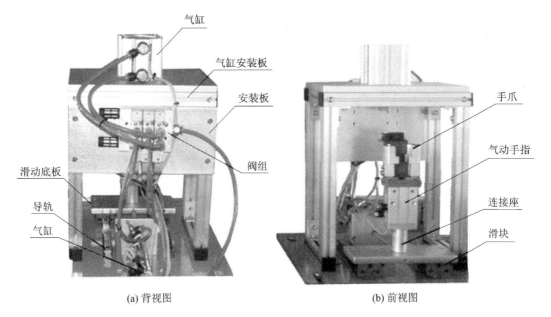

图 9-2 加工单元实物图

3. 装配单元

基本功能:完成将该单元料仓内的黑色或白色小圆柱工件嵌入到已加工的工件中的装配过程。装配单元总装实物图如图 9-3 所示。

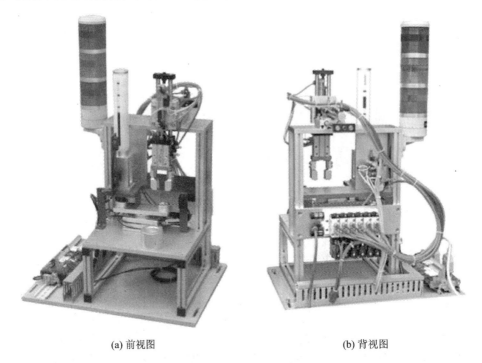

图 9-3 装配单元总装实物图

4. 分拣单元

基本功能：将装配单元送来的已加工、装配的工件进行分拣，使不同颜色的工件从不同的料槽分流。图 9-4 所示为分拣单元实物图。

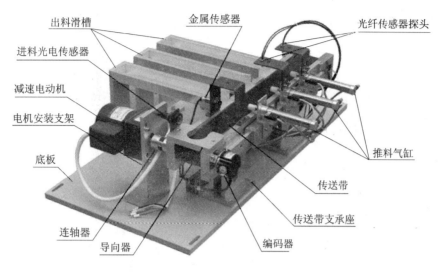

图 9-4 分拣单元实物图

5. 输送单元

基本功能：该单元通过直线运动传动机构驱动抓取机械手装置到指定单元的物料台上精确定位，并在该物料台上抓取工件，把抓取到的工件输送到指定地点然后放下，实现传送工件的功能。输送单元的外观如图 9-5 所示。

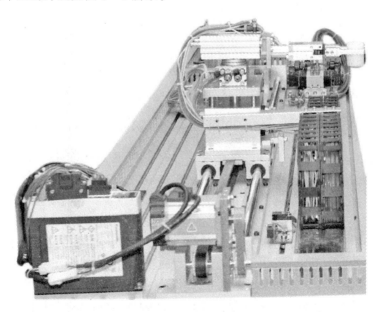

图 9-5 输送单元的外观

直线运动传动机构的驱动器可采用伺服电机或步进电机，视实验的要求而定。

9.2 各单元传感器认知与工作过程

9.2.1 供料单元控制系统

1. 供料单元的结构和工作过程

供料单元的主要结构包括：工件装料管、工件推出装置、支撑架、阀组、端子排组件、PLC、急停按钮和启动/停止按钮、走线槽、底板等。其中，机械部分的结构如图9-6所示。

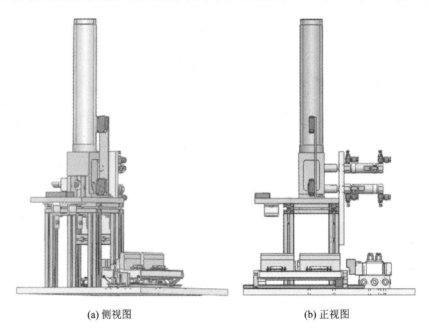

(a) 侧视图　　　　　　(b) 正视图

图9-6　供料单元机械部分的结构

其中，用于存储工件原料，并在需要时将管形料仓中最下层的工件推送到物料台上。管形料仓和工件推出装置主要由管形料仓、推料气缸、顶料气缸、磁感应接近开关、漫射式光电传感器组成。

供料单元的工作原理是：工件垂直叠放在管形料仓中，推料气缸处于管形料仓的底层，并且推料气缸的活塞杆可从管形料仓的底部通过。当活塞杆退回位置时，它与最下层工件处于同一水平位置，而夹紧气缸则与次下层工件处于同一水平位置。在需要将工件推送到物料台上时，首先使夹紧气缸的活塞杆推出，压住次下层工件；然后使推料气缸的活塞杆推出，从而把最下层工件推送到物料台上。在推料气缸返回并从管形料仓底部抽出后，再使夹紧气缸返回，松开次下层工件。这样，管形料仓中的工件在重力的作用下就自动向下移动一个工件，为下一次推出工件做好准备。在底座和管形料仓第4层工件位置分别安装一个漫射式光电接近开关，它们的功能是检测管形料仓中有无储料或储料是否足够。若该部分机构内没有工件，则处于底层和第4层位置的两个漫射式光电接近开关均处于常态；若仅在底层处有3个工件，则底层处漫射式光电接近开关动作而第4层处漫射式光电接近开关常态，表明工件已经快用完了。这样，管形料仓中有无储料或储料是否足够，就可用这两个漫射式光电接近开关的信号状态反映出来。推料气缸把工件推送到物料台上。物料台面开有小孔,下面设有一个圆柱形漫射式光电接近开关,工作时向上发出光线,从而透过小孔检测是否有工件存在,以便向系统提供本单元物料台有无工件的信号。在输送单元的控制程序中,就可以利用该信号状态来判断是否需要驱动机械手装置来抓取此工件。

供料操作示意图如图9-7所示。

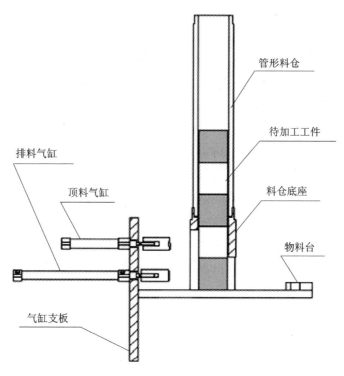

图9-7 供料操作示意图

2. 供料单元的气动元件

(1) 标准双作用直线气缸

标准气缸是指功能和规格是普遍使用的、结构是容易制造的,制造厂通常作为通用产品供应市场的气缸。双作用气缸是指活塞的往复运动均由压缩空气来推动。图9-8所示为标准双作用直线气缸的半剖面图。

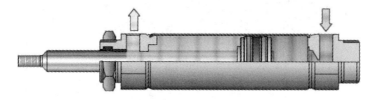

图9-8 标准双作用直线气缸的半剖面图

图9-8中气缸的两个端盖上都设有进、排气通口,从无杆侧端盖气口进气时,推动活塞向前运动;反之,从杆侧端盖气口进气时,推动活塞向后运动。虽然标准双作用直线气缸具有结构简单、输出力稳定、行程可根据需要选择的优点,但由于其是利用压缩空气交替作用于活塞

上实现伸缩运动的,回缩时压缩空气的有效作用面积较小,所以产生的力要小于伸出时产生的推力。为了使气缸的动作平稳可靠,应对气缸的运动速度加以控制,常用的方法是使用单向节流阀。单向节流阀是由单向阀和节流阀并联而成的流量控制阀,常用于控制气缸的运动速度,所以也称为速度控制阀。图9-9所示为在标准双作用直线气缸上装有两个单向节流阀的连接示意图。这种连接方式称为排气节流方式,即当压缩空气从A端进气、从B端排气时,单向节流阀A的单向阀开启,向气缸无杆腔快速充气,由于单向节流阀B的单向阀关闭,有杆腔的气体只能经节流阀排气,调节节流阀的开度,便可改变气缸伸出时的运动速度。反之,调节节流阀的开度则可改变气缸缩回时的运动速度。在这种控制方式下,活塞运行稳定。排气节流方式是最常用的方式。

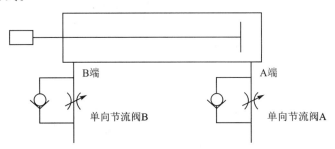

图9-9 装有两个单向节流阀的连接示意图

节流阀上带有气管的快速接头,只要将合适外径的气管往快速接头上一插就可以将气管连接好,使用时十分方便。图9-10所示为安装了带快速接头的限出型气缸节流阀的气缸。

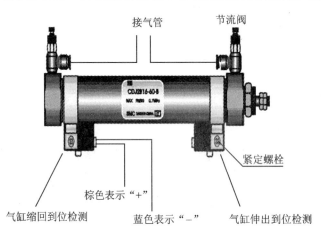

图9-10 安装了带快速接头的限出型气缸节流阀的气缸

(2) 单电控电磁换向阀

如前所述,顶料气缸或推料气缸的活塞运动是依靠向气缸一端进气,从另一端排气,再反过来,从另一端进气,一端排气来实现的。气体流动方向的改变则由能改变气体流动方向或通断的控制阀,即方向控制阀加以控制。在自动控制中,方向控制阀常采用电磁控制方式来实现方向控制,称为电磁换向阀。

电磁换向阀是利用其电磁线圈通电时,静铁芯对动铁芯产生电磁吸力使阀芯切换,达到改变气流方向的目的。图9-11所示是一个单电控二位三通电磁换向阀的工作原理示意图。

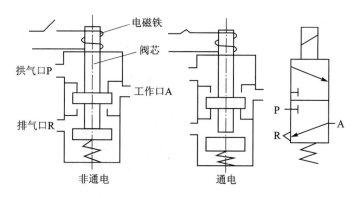

图 9-11 单电控二位三通电磁换向阀工作原理示意图

所谓"位",指的是为了改变气体方向,阀芯相对于阀体所具有的不同的工作位置。"通"的含义则指换向阀与系统相连的通口,有几个通口即为几通。在图 9-11 中,只有两个工作位置,具有供气口 P、工作口 A 和排气口 R,故为二位三通阀。

图 9-12 所示分别为二位三通、二位四通和二位五通单电控电磁换向阀的图形符号,图形中有几个方格就是几位,方格中的"⊤"和"⊥"符号表示各接口互不相通。

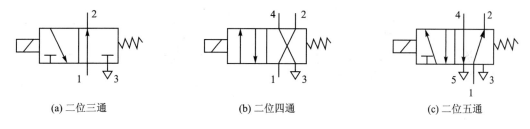

(a) 二位三通　　　　　　(b) 二位四通　　　　　　(c) 二位五通

1~5—不同的连接点

图 9-12 部分单电控电磁换向阀的图形符号

自动生产线很多的执行机构都采用双作用气缸,因此控制它们工作的电磁阀需要有两个工作口、两个排气口以及一个供气口,故使用的电磁换向阀均为二位五通电磁换向阀。

供料单元用了两个二位五通的单电控电磁换向阀。这两个电磁换向阀带有手动换向和加锁钮,有锁定(LOCK)和开启(PUSH)两个位置。当用小螺丝刀把加锁钮旋到 LOCK 位置时,手控开关向下凹进去,不能进行手控操作。只有在 PUSH 位置才可用工具向下按,信号为"1"等同于该侧的电磁信号为"1"。常态时,手控开关的信号为"0"。在进行设备调试时,可以使用手控开关对阀进行控制,从而实现对相应气路的控制,以改变推料气缸等执行机构的控制,达到调试的目的。

两个电磁换向阀集中安装在汇流板上。汇流板中两个排气口末端均连接了消声器,其作用是减少压缩空气在向大气排放时的噪声。这种将多个阀与消声器、汇流板等集中在一起构成的一组控制阀的集成称为阀组,而每个阀的功能都是彼此独立的。阀组的结构如图 9-13 所示。

(3) 气动控制回路

气动控制回路是本工作单元的执行机构,该执行机构的控制逻辑与控制功能是由 PLC 实现的,如图 9-14 所示,图中 1A 和 2A 分别为推料气缸和顶料气缸,1B1 和 1B2 为安装在推料气缸的两个极限工作位置的磁感应接近开关,2B1 和 2B2 为安装在推料气缸的两个极限工作

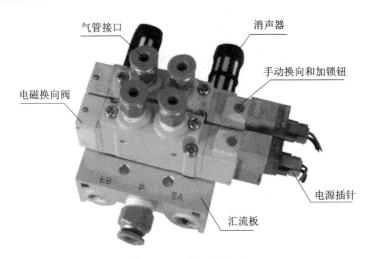

图 9-13 阀组的结构

位置的磁感应接近开关。1Y1 和 2Y1 分别为控制推料气缸和顶料气缸的电磁换向阀的电磁控制端,通常,这两个气缸的初始位置均设定在缩回状态。

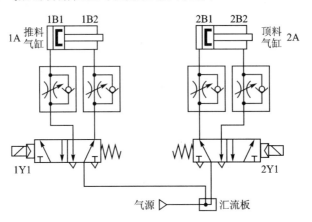

图 9-14 供料单元的气动控制回路

3. 认知有关传感器

自动生产线中很多单元使用的传感器都是接近传感器,它利用传感器对所接近的物体具有的敏感特性来识别物体的接近,并输出相应的开关信号。因此,接近传感器通常也称为接近开关。

接近传感器有多种检测方式,包括利用电磁感应引起检测对象金属体中产生涡电流的方式、捕捉检测体接近引起电气信号容量变化的方式、利用磁石和引导开关的方式、利用光电效应和光电转换器件作为检测元件等方式。

接近开关主要有磁感应式接近开关(或称磁性开关)、电感式接近开关、漫反射光电接近开关和光纤型光电传感器等。这里只介绍磁性开关、电感式接近开关和光电式接近开关。

(1) 磁性开关

生产线中常使用的气缸都是带磁性开关的气缸,这些气缸的缸筒采用导磁性弱、隔磁性强的材料,如硬铝、不锈钢等。在非磁性体的活塞上安装一个永久磁铁的磁环,这样就提供了一个反映气缸活塞位置的磁场。而安装在气缸外侧的磁性开关则是用来检测气缸活塞位置的,即检测活塞的运动行程。

触点式的磁性开关用舌簧开关作磁场检测元件。舌簧开关成型于合成树脂块内,动作指示灯、过电压保护电路一般也塑封在内。图 9-15 所示是带磁性开关气缸的工作原理图。

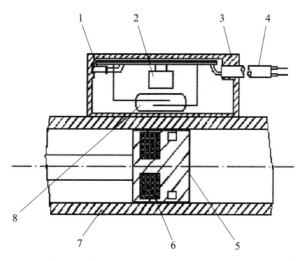

1—动作指示灯 LED;2—保护电路;3—开关外壳;4—导线;5—活塞;6—磁环(永久磁铁);7—缸筒;8—舌簧开关

图 9-15 带磁性开关气缸的工作原理图

当气缸中随活塞移动的磁环靠近开关时,舌簧开关的两根簧片被磁化而相互吸引,触点闭合;当磁环远离开关时,簧片失磁,触点断开。当触点闭合或断开时发出电控信号,在 PLC 的自动控制中,可以利用该信号判断推料气缸及顶料气缸的运动状态或所处的位置,以确定工件是否被推出或气缸是否返回。在磁性开关上设置的 LED 用于显示其信号状态,供调试时使用。当磁性开关动作时,输出信号"1",LED 亮;当磁性开关不动作时,输出信号"0",LED 不亮。磁性开关的安装位置可以调整,调整方法是松开它的紧固定位螺栓,让磁性开关顺着气缸滑动,到达指定位置后,再旋紧固定螺栓。磁性开关有蓝色和棕色两根引出线,使用时蓝色引出线应连接到 PLC 输入公共端,棕色引出线应连接到 PLC 输入端。磁性开关的内部电路如图 9-16 虚线框内所示。

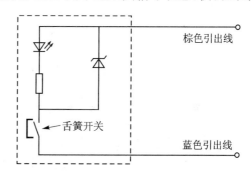

图 9-16 磁性开关的内部电路

(2) 电感式接近开关

电感式接近开关是利用电涡流效应制造的传感器。电涡流效应是指,当金属物体处于一个交变的磁场中时,在金属内部会产生交变的电涡流,该电涡流又会反作用于产生它的磁场这样一种物理效应。如果这个交变的磁场是由一个电感线圈产生的,则该电感线圈中的电流就会发生变化,用于平衡涡流产生的磁场。

利用这一原理,以高频振荡器(LC 振荡器)中的电感线圈作为检测元件,当被测物体接近电感线圈时产生涡流效应,引起振荡器的振幅或频率的变化,由传感器的信号调理电路(包括检波、放大、整形、输出等电路)将该变化转换成开关量输出,从而达到检测目的。电感式接近传感器的工作原理图如图 9-17 所示。

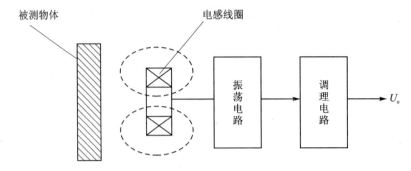

图 9-17 电感式接近传感器的工作原理图

在供料单元中,为了检测待加工工件是否是金属材料,在供料管底座侧面安装了一个电感式接近传感器,如图 9-18 所示。

图 9-18 供料单元的电感式接近传感器

在电感式接近开关的选用和安装中,必须认真考虑检测距离、设定距离,保证生产线上的传感器可靠动作。安装距离的说明如图 9-19 所示。

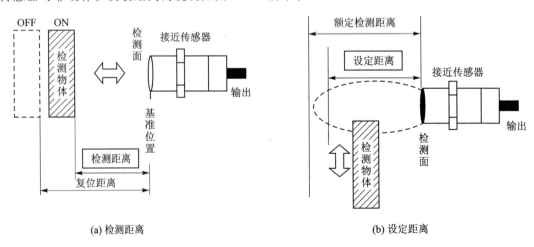

(a) 检测距离　　　　　　　　　　(b) 设定距离

图 9-19 安装距离的说明

（3）光电式接近开关

光电传感器是利用光的各种性质,检测物体的有无和表面状态变化等传感器。其中,输出形式为开关量的传感器为光电式接近开关。

光电式接近开关主要由光发射器和光接收器构成,如果光发射器发射的光线因检测物体的不同而被遮掩或反射,则到达光接收器的量将会发生变化,光接收器的敏感元件将检测出这种变化,并转换为电气信号,然后将这种信号传送到 PLC 中。大多数接近开关都使用可视光(主要为红色,也有用绿色、蓝色来判断颜色的)和红外光。

按照接收器接收光的方式的不同,光电式接近开关可分为对射式、漫射式和反射式 3 种,如图 9-20 所示。

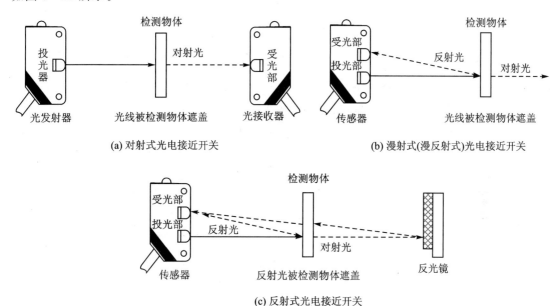

图 9-20 光电式接近开关

漫射式光电接近开关是利用光照射到被测物体上后反射回来的光线而工作的,由于物体反射的光线为漫射光,故称为漫射式光电接近开关。它的光发射器与光接收器处于同一侧位置,且为一体化结构。在工作时,光发射器始终发射检测光,若接近开关前方一定距离内没有物体,则没有光被反射到接收器,接近开关处于常态而不动作;反之,若接近开关的前方一定距离内出现物体,只要反射回来的光强度足够,则接收器接收到足够的漫射光就会使接近开关动作而改变输出状态。图 9-20(b)所示为漫射式光电接近开关的工作原理示意图。

在供料单元中,用来检测工件不足或工件有无的漫射式光电接近开关选用的是神视(OMRON)公司的 CX-441(E3Z-L61)型放大器内置型光电开关(细小光束型,NPN 型晶体管集电极开路输出)。该光电开关的外形与顶端面上的调节旋钮和显示灯如图 9-21 所示。

图 9-21 中动作选择开关的功能是选择受光动作(light)或遮光动作(drag)模式,即当动作选择开关按顺时针方向充分旋转时(L 侧),进入检测-ON 模式;当该开关按逆时针方向充分旋转时(D 侧),进入检测-OFF 模式。距离设定旋钮是 5 周回转调节器,调整距离时应注意逐步轻微旋转,若充分旋转则距离设定旋钮会空转。调整的方法是,首先按逆时针方向将距离

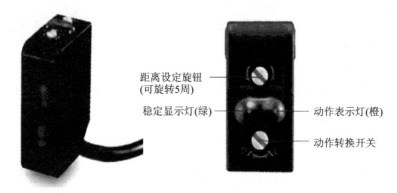

(a) E3Z-L61型光电开关的外形   (b) 调节旋钮和显示灯

图 9-21　CX-441(E3Z-L61)光电开关的外形与调节旋钮和显示灯

设定旋钮充分旋转到最小检测距离(E3Z-L61 约 20 mm)，然后根据要求距离放置检测物体，按顺时针方向逐步旋转距离设定旋钮，找到传感器进入检测条件的点；拉开检测物体距离，按顺时针方向进一步旋转距离设定旋钮，找到传感器再次进入检测状态；一旦进入，向后旋转距离设定旋钮，直到传感器回到非检测状态的点。两点之间的中点为稳定检测物体的最佳位置。

图 9-22 所示为该光电开关的内部电路原理图。

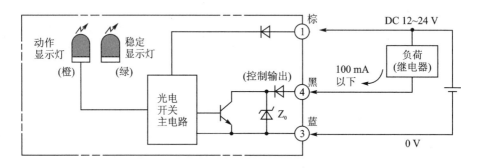

图 9-22　CX-441(E3Z-L61)光电开关的内部电路原理图

用来检测物料台上有无物料的光电开关是一个圆柱形漫射式光电接近开关，工作时向上发出光线，从而透过小孔检测是否有工件存在。该光电开关选用 SICK 公司的 MHT15-N2317 光电开关，其外形如图 9-23 所示。

图 9-23　MHT15-N2317 光电开关的外形

(4) 接近开关的图形符号

部分接近开关的图形符号如图 9-24 所示。图 9-24(a)～(c)所示的 3 种情况均使用 NPN 型三极管集电极开路输出，如果是使用的 PNP 型，则正负极性应反过来。

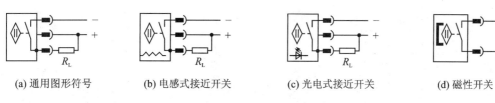

(a) 通用图形符号　　(b) 电感式接近开关　　(c) 光电式接近开关　　(d) 磁性开关

图 9-24　接近开关的图形符号

9.2.2　加工单元控制系统

加工单元所使用的气动执行元件包括标准双作用直线气缸、薄型气缸和气动手指,下面只介绍薄型气缸和气动手指。

(1) 薄型气缸

薄型气缸属于省空间气缸类,即气缸的轴向或径向尺寸比标准气缸有较大减小的气缸,其具有结构紧凑、质量轻、占用空间小等优点。图 9-25 所示是薄型气缸的实物图和剖视图。

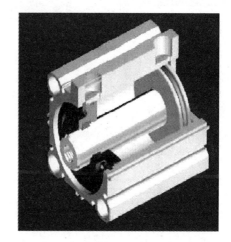

(a) 实物图　　　　　　　　　　　　　(b) 剖视图

图 9-25　薄型气缸的实物图和剖视图

薄型气缸的特点是:缸筒与无杆侧端盖压铸成一体,杆盖用弹性挡圈固定,缸体为方形。这种气缸通常用于固定夹具与搬运中固定工件等。薄型气缸用于冲压,这主要是考虑该气缸行程短的特点。

(2) 气动手指(气爪)

气爪用于抓取、夹紧工件。气爪通常有滑动导轨型、支点开闭型和回转驱动型等工作方式。加工单元所使用的是滑动导轨型气动手指,如图 9-26(a)所示。气爪松开状态和夹紧状态分别如图 9-26(b)和(c)所示。

(3) 气动控制回路

加工单元的气动控制元件均采用二位五通单电控电磁换向阀,各电磁换向阀均带有手动换向和加锁钮,它们集中安装成阀组固定在冲压支撑架后面。加工单元气动控制回路如图 9-27 所示。1B1 和 1B2 为安装在冲压气缸的两个极限工作位置的磁感应式接近开关,2B1 和 2B2

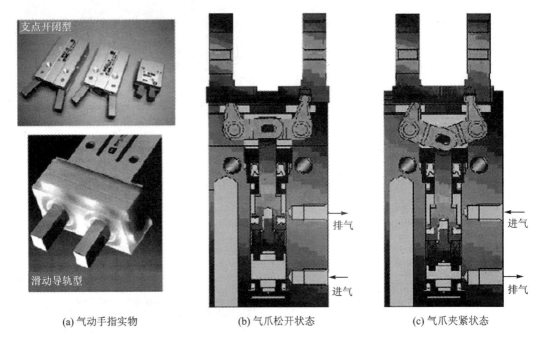

(a) 气动手指实物　　(b) 气爪松开状态　　(c) 气爪夹紧状态

图 9-26　气动手指实物图以及气爪松开和夹紧状态

为安装在料台伸出气缸的两个极限工作位置的磁感应式接近开关,3B1 和 3B2 为安装在手爪气缸工作位置的磁感应式接近开关。1Y1、2Y1 和 3Y1 分别为控制冲压气缸、料台伸出气缸和物料夹紧气缸的电磁换向阀的电磁控制端。

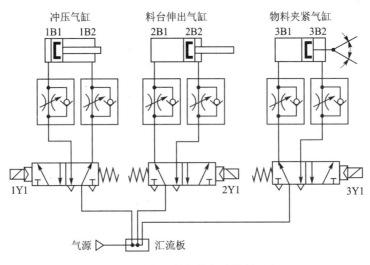

图 9-27　加工单元的气动控制回路

9.2.3　装配单元控制系统

1. 装配单元的结构与工作过程

装配单元的功能:完成将该单元管形料仓内的黑色或白色小圆柱工件嵌入到放置在装配料斗的待装配工件中的装配过程。

装配单元的结构包括：管形料仓、落料机构、回转物料台、装配机械手、待装配工件的定位机构、气动系统及其阀组、信号采集及其自动控制系统，以及用于电器连接的端子排组件、整条生产线状态指示的信号灯、用于其他机构安装的铝型材支架及底板，传感器安装支架等其他附件。其中，机械装配图如图 9-28 所示。

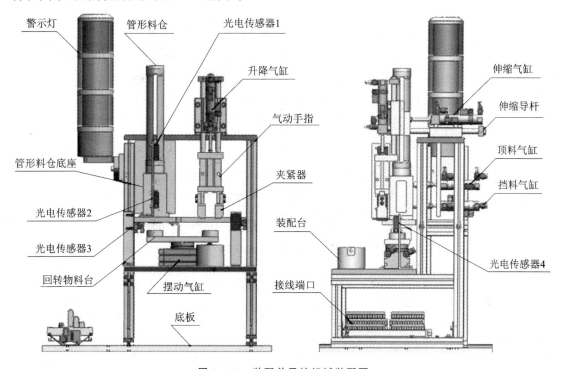

图 9-28 装配单元的机械装配图

（1）管形料仓

管形料仓用来存储装配用的金属、黑色和白色小圆柱零件，它由塑料圆管和中空底座构成。塑料圆管顶端放置加强金属环，以防止破损。工件竖直放入管形料仓的空心圆管内，由于二者之间有一定的间隙，使其能在重力作用下自由下落。为了能对管形料仓供料不足和缺料进行报警，在塑料圆管底部和底座处分别安装了两个漫射式光电接近开关（E3Z-L型），并在管形料仓塑料圆柱上纵向铣槽，以使光电传感器的红外光斑能够可靠地照射到被检测的物料上。光电传感器的灵敏度调整应以能检测到黑色物料为准则。

（2）落料机构

图 9-29 所示为落料机构剖视图，图中，管形料仓底座的背面安装了两个标准双作用直线气缸。上面的气缸称为顶料气缸，下面的气缸称为挡料气缸。系统气源接通后，顶料气缸的初始位置处于缩回状态，挡料气缸的初始位置处于伸出状态。这样，当从管形料仓上面放下工件时，工件将被挡料气缸活塞杆终端的挡块阻挡而不能落下。当需要进行落料操作时，首先使顶料气缸伸出，把次下层的工件夹紧，然后挡料气缸缩回，工件掉入回转物料台的料盘中。之后挡料气缸复位伸出，顶料气缸缩回，次下层工件跌落到挡料气缸终端挡块上，为再一次供料作准备。

（3）回转物料台

该机构由气动摆台和两个料盘组成，气动摆台能驱动料盘旋转 180°，从而实现把从落料

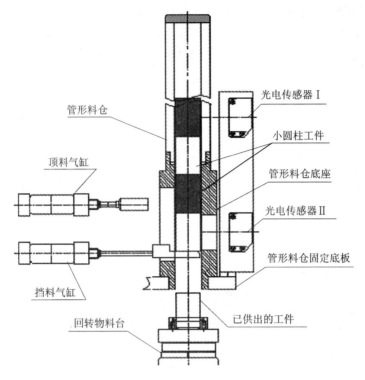

图 9-29 落料机构剖视图

机构落到料盘的工件移动到装配机械手正下方的功能。回转物料台的结构如图 9-30 所示，图中的光电传感器 1 和光电传感器 2 分别用于检测左面和右面料盘是否有零件。两个光电传感器均选用 CX-441 型。

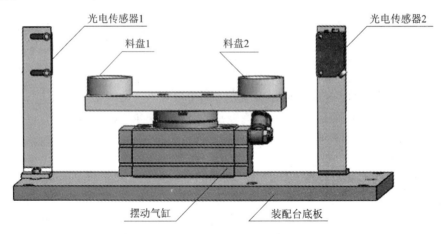

图 9-30 旋转物料台的结构

（4）装配机械手

装配机械手是整个装配单元的核心。当装配机械手正下方的回转物料台料盘上有小圆柱零件，且装配台侧面的光纤传感器检测到装配台上有待装配工件时，装配机械手就从初始状态开始执行装配操作过程。装配机械手的整体外形如图 9-31 所示。

装配机械手是一个三维运动的机构，它由水平方向移动和竖直方向移动的两个导向气缸和气动手指组成。

装配机械手的运行过程如下：

PLC驱动与竖直移动导向气缸相连的电磁换向阀动作，由竖直移动导向气缸驱动气动手指向下移动；到位后，气动手指驱动手爪夹紧物料，并将夹紧信号通过磁性开关传送给PLC；在PLC控制下，竖直移动导向气缸复位，被夹紧的物料随气动手指一并提起，离开回转物料台的料盘；提升到最高位后，水平移动导向气缸在与之对应的电磁换向阀的驱动下，活塞杆伸出；移动到气缸前端位置后，竖直移动导向气缸再次

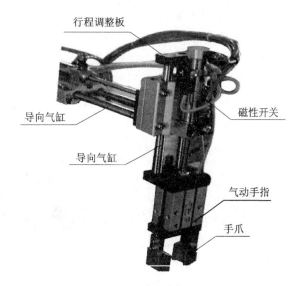

图9-31 装配机械手的整体外形

被驱动下移，移动到最下端位置，气动手指松开，经短暂延时，竖直移动导向气缸和水平移动导向气缸缩回，装配机械手恢复初始状态。在整个装配机械手动作的过程中，除气动手指松开到位信号无传感器检测外，其余动作的到位信号检测均采用与导向气缸配套的磁性开关，将采集到的信号反馈给PLC作为输入信号，由PLC输出信号驱动电磁换向阀换向，使由导向气缸及气动手指组成的装配机械手按程序自动运行。

2. 相关知识点

装配单元所使用的气动执行元件包括标准双作用直线气缸、气动手指、气动摆台和导向气缸，前两种气缸在前文已介绍，下面将介绍气动摆台和导向气缸。

（1）气动摆台

回转物料台的主要器件是气动摆台，它是由标准双作用直线气缸驱动齿轮齿条实现回转运动的，回转角度能在0°～90°和0°～180°之间任意调整，而且可以安装磁性开关，检测旋转到位信号，多用于方向和位置需要变换的机构。气动摆台的实物图和剖视图如图9-32所示。

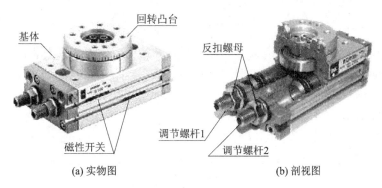

图9-32 气动摆台的实物图和剖视图

气动摆台的摆动回转角度能在0°～180°之间任意调整。当需要调节回转角度或调整摆动位置精度时，首先应松开调节螺杆上的反扣螺母，然后通过旋入和旋出调节螺杆来改变回转凸

台的回转角度。调节螺杆 1 和调节螺杆 2 分别用于左旋和右旋角度的调整。当调整好摆动角度后,应将反扣螺母与基体反扣锁紧,防止调节螺杆松动,造成回转精度降低。

回转到位的信号是通过调整气动摆台滑轨内的两个磁性开关的位置实现的。图 9-33 所示是调整磁性开关位置的示意图。磁性开关安装在气缸体的滑轨内,松开磁性开关的紧固定位螺丝,磁性开关就可以沿着滑轨左右移动。确定开关位置后,旋紧紧固定位螺丝,即可完成位置的调整。

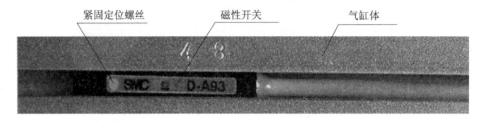

图 9-33 磁性开关位置调整示意图

(2) 导向气缸

导向气缸是指具有导向功能的气缸。一般为标准气缸和导向装置的集合体。导向气缸具有导向精度高、抗扭转力矩、承载能力强、工作平稳等特点。

装配单元中用于驱动装配机械手水平方向移动的导向气缸实物图如图 9-34 所示。该气缸由直线气缸、导杆和其他附件组成。

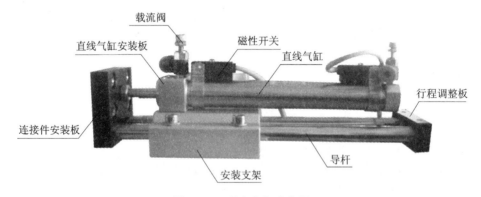

图 9-34 导向气缸实物图

安装支架用于导杆导向件的安装和导向气缸整体的固定。连接件安装板用于固定其他需要连接到该导向气缸上的物件,并将两导杆和直线气缸活塞杆的相对位置固定,当直线气缸的一端接通压缩空气后,活塞被驱动作直线运动,活塞杆也一起移动,被连接件安装板固定到一起的两导杆也随活塞杆伸出或缩回,从而实现导向气缸的整体功能。安装在导杆末端的行程调整板用于调整该导向气缸的伸缩行程,具体调整方法是,先松开行程调整板上的紧固定位螺丝,让行程调整板在导杆上移动,当达到理想的伸缩距离以后,再完全锁紧紧固定位螺丝,完成行程的调节。

(3) 电磁阀组和气动控制回路

装配单元的电磁阀组由 6 个二位五通单电控电磁换向阀组成,如图 9-35 所示。这些电磁换向阀分别对供料、位置变换和装配动作气路进行控制,以改变各自的动作状态。装配单元的气动控制回路如图 9-36 所示。

图 9-35 电磁阀组

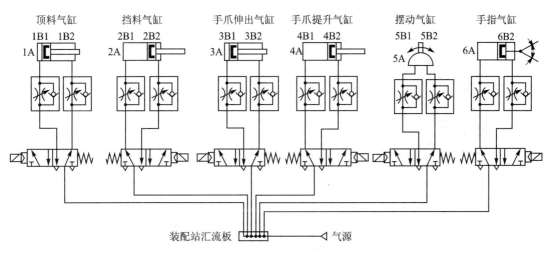

图 9-36 装配单元的气动控制回路

在进行气路连接时,请注意各气缸的初始位置,其中,挡料气缸处在伸出位置,手爪提升气缸处在提起位置。

3. 光纤传感器

光纤传感器由光纤检测头、放大器两部分组成。放大器和光纤检测头是分离的两个部分,光纤检测头的尾端部分分成两条光纤,使用时分别插入放大器的两个光纤孔。光纤传感器组件如图 9-37 所示。图 9-38 所示是放大器的安装示意图。

光纤传感器也是光电传感器的一种。光纤传感器的优点有:抗电磁干扰、可工作于恶劣环境、传输距离远、使用寿命长等;此外,由于光纤检测头具有较小的体积,还可以安装在空间很小的地方。

光纤式光电接近开关中放大器的灵敏度调节范围较大。当光纤传感器的灵敏度调得较小时,对于反射性较差的黑色物体,光电探测器无法接收到反射信号;而对于反射性较好的白色物体,光电探测器就可以接收到反射信号。反之,若调高光纤传感器的灵敏度,则即使对反射性较差的黑色物体,光电探测器也可以接收到反射信号。

图 9-39 所示为放大器单元的俯视图,调节其中部的"8 旋转灵敏度高速旋钮"就能进行

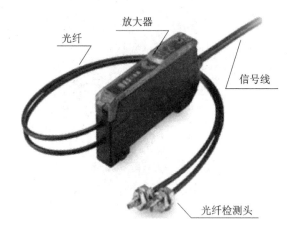

图 9-37 光纤传感器组件

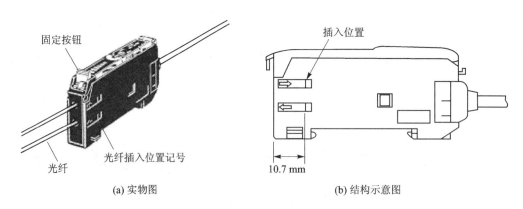

(a) 实物图   (b) 结构示意图

图 9-38 放大器的实物图及结构示意图

放大器灵敏度的调节(顺时针旋转灵敏度增大)。调节时,会看到"入光量显示灯"发光的变化。当探测器检测到物料时,"动作显示灯"会亮,提示检测到物料。

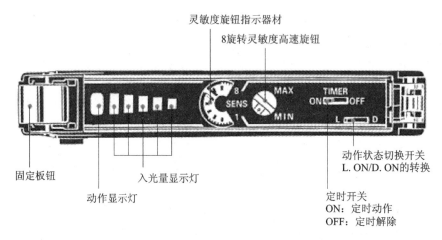

图 9-39 光纤传感器放大器单元的俯视图

某型光纤传感器的电路框图如图 9-40 所示。接线时请注意根据导线颜色判断电源极性和信号输出线,切勿把信号输出线直接连接到电源正极。

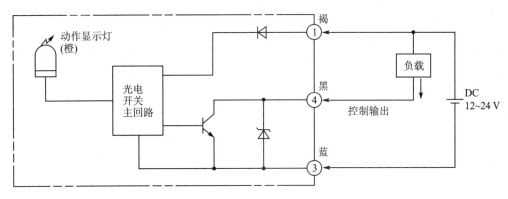

图 9-40 某型光纤传感器的电路框图

9.2.4 分拣单元控制系统

1. 分拣单元的结构和工作过程

此单元完成对装配单元送来的已加工、装配好的工件进行分拣,实现使不同颜色的工件从不同的料槽分流的功能。当输送站送来的工件放到传送带上并被入料口漫射式光电传感器检测到时,即启动变频器,工件开始送入分拣区进行分拣。

分拣单元的主要结构包括:传送和分拣机构、传动带驱动机构、变频器模块、电磁阀组、接线端口、PLC 模块、按钮/指示灯模块及底板等。其中,机械部分的装配总成如图 9-41 所示。

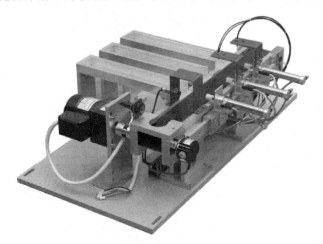

图 9-41 分拣单元机械部分的装配总成

(1) 传送和分拣机构

传送和分拣机构主要由传送带、导向器、推料(分拣)气缸、漫射式光电传感器、光纤传感器、磁感应接近式传感器组成。传送已经加工、装配好的工件,在被光纤传感器检测到后进行分拣。

传送带是把装配机械手输送过来的加工好的工件输送至分拣区。导向器用于装配机械手输送过来的工件。两条出料槽分别用于存放加工好的黑色、白色工件或金属工件。

传送和分拣的工作原理:当输送站送来的工件放到传送带上并被入料口漫射式光电传感

器检测到时,将信号传输给 PLC,通过 PLC 的程序启动变频器,电机运转驱动传送带工作,把工件带进分拣区,如果进入分拣区的工件为白色,则检测白色物料的光纤传感器动作,作为 1 号槽推料气缸启动信号,将白色料推到 1 号槽里;如果进入分拣区的工件为黑色,则检测黑色物料的光纤传感器动作,作为 2 号槽推料气缸启动信号,将黑色料推到 2 号槽里;如果进入分拣区的工作为金属工件,则检测金属工件的金属传感器动作,作为 3 号槽推料气缸启动信号,将金属工件推到 3 号槽里。至此,自动生产线的加工结束。

(2) 传动带驱动机构

传动带驱动机构如图 9-42 所示,采用的三相减速电机用于拖动传送带,从而输送物料。传动带驱动机构主要由电机安装支架、减速电机、联轴器等组成。

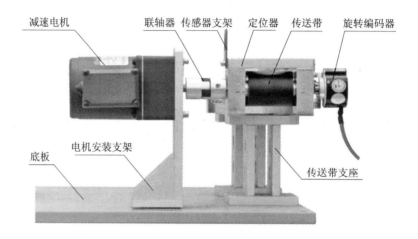

图 9-42 传动带驱动机构

三相异步电动机是传动机构的主要部分,电机转速的快慢由变频器控制,其作用是带动传送带从而输送物料。电机安装支架用于固定电机。联轴器由于把电机的轴和输送带主动轮的轴连接起来了,从而组成一个传动机构。

(3) 电磁阀组和气动控制回路

分拣单元的电磁阀组使用了 3 个由二位五通的带手控开关的单电控电磁换向阀,它们安装在汇流板上。这 3 个阀分别对金属、白料和黑料推动气缸的气路进行控制,以改变各自的动作状态。

本单元的气动控制回路如图 9-43 所示,图中 1B1、2B1 和 3B1 分别为安装在各分拣气缸的前极限工作位置的磁感应接近开关,1Y1、2Y1 和 3Y1 分别为控制 3 个分拣气缸电磁阀的电磁控制端。

2. 旋转编码器概述

旋转编码器是通过光电转换,将输出轴上的机械、几何位移量转换成脉冲或数字信号的传感器,主要用于速度或位置(角度)的检测。典型的旋转编码器是由光栅盘和光电检测装置组成的。光栅盘是在一定直径的圆板上等分地开通若干个长方形狭缝。由于光电码盘与电机同轴,电机旋转时,光栅盘与电机同速旋转,经发光二极管等电子元件组成的检测装置检测输出若干个脉冲信号,其原理示意图如图 9-44 所示。通过计算每秒旋转编码器输出脉冲的个数就能反映当前电机的转速。

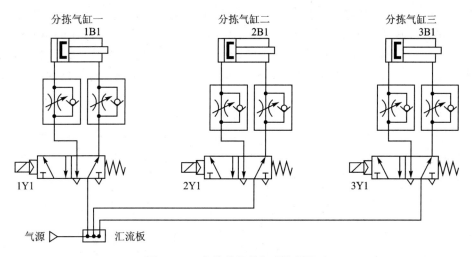

图 9-43 分拣单元的气动控制回路

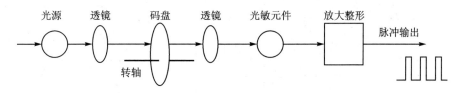

图 9-44 旋转编码器原理示意图

一般来说,根据旋转编码器产生脉冲的方式,可以分为增量式、绝对式以及复合式三大类。自动线上常采用的是增量式旋转编码器。

增量式旋转编码器直接利用光电转换原理输出 3 组方波脉冲 A、B 和 Z 相。其中,A、B 两组脉冲相位差 90°,用于辨向,当 A 相脉冲超前 B 相脉冲时为正转方向,而当 B 相脉冲超前 A 相脉冲时则为反转方向;Z 相为每转一个脉冲,用于基准点定位。增量式旋转编码器输出的 3 组方波脉冲如图 9-45 所示。

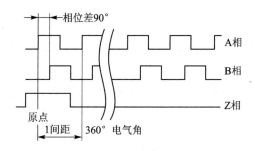

图 9-45 增量式旋转编码器输出的 3 组方波脉冲

这种具有 A、B 两相 90°相位差的通用型旋转编码器,用于计算工件在传送带上的位置,编码器直接连接到传送带主动轴上。该旋转编码器的三相脉冲采用 NPN 型集电极开路输出,分辨率为 500 线,工作电源为 DC 12~24 V。本工作单元没有使用 Z 相脉冲,A、B 两相输出端直接连接到 PLC(S7-224XP AC/DC/RLY 主单元)的高速计数器输入端。

计算工件在传送带上的位置时需确定每两个脉冲之间的距离,即脉冲当量。分拣单元主

动轴的直径 $d=43$ mm,减速电机每旋转一周,考虑到皮带厚度,皮带上工件移动的距离 L 约为 136.35 mm,故脉冲当量 μ 约为 0.273 mm。由图 9-46 所示的安装尺寸可知,当工件从下料口中心线移至传感器中心线时,旋转编码器约发出 430 个脉冲;当移至第一个推杆中心线时,约发出 614 个脉冲;当移至第二个推杆中心线时,约发出 963 个脉冲;当移至第三个推杆中心线时,约发出 1 284 个脉冲。

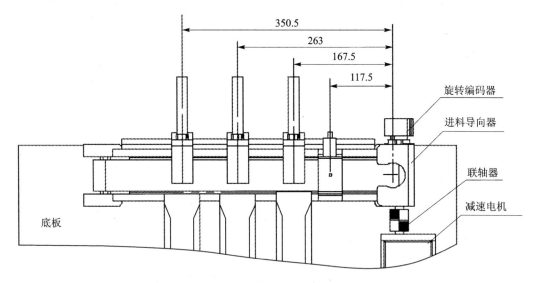

图 9-46 传送带位置计算应用图

应该指出的是,上述脉冲当量的计算只是理论上的推算。实际上各种误差因素都不可避免,例如传送带主动轴直径(包括皮带厚度)的测量误差,传送带的安装偏差、张紧度,分拣单元整体在工作台面上的定位偏差等,都将影响理论计算值。因此,理论计算值只能作为估算值。脉冲当量的误差所引起的累积误差会随着工件在传送带上运动距离的增大而迅速增加,甚至达到不可容忍的地步。因此在分拣单元安装调试时,除了要仔细调整;尽量减少安装偏差外,尚须现场测试脉冲当量值。

9.2.5 输送单元控制系统

1. 输送单元的结构与工作过程

输送单元的功能是:驱动其抓取机械手装置精确定位到指定单元的物料台,在物料台上抓取工件,把抓到的工件输送到指定地点,然后放下。

(1) 抓取机械手装置

抓取机械手装置是一个能实现三自由度运动(即升降、伸缩、气动手指夹紧/松开和沿垂直轴旋转的四维运动)的工作单元,该装置整体安装在直线运动传动组件的滑动溜板上,在传动组件带动下整体作直线往复运动,定位到其他各工作单元的物料台,然后完成抓取和放下工件的功能。图 9-47 所示是该装置的实物图。

抓取机械手的具体构成如下:

① 手爪:用于在各个工作站物料台上抓取/放下工件,由一个二位五通双电控电磁换向阀控制。

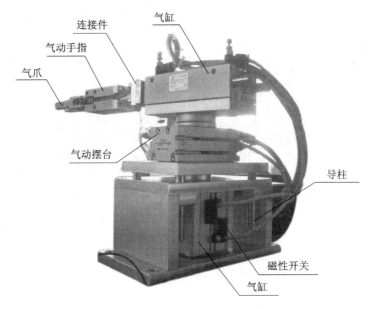

图 9-47 抓取机械手装置的实物图

② 缩气缸:用于驱动手臂伸出缩回,由一个二位五通单电控电磁换向阀控制。

③ 转气缸:用于驱动手臂正反向 90°旋转,由一个二位五通单电控电磁换向阀控制。

④ 提升气缸:用于驱动整个抓取机械手提升与下降,由一个二位五通单电控电磁换向阀控制。

(2) 直线运动传动组件

直线运动传动组件用于拖动抓取机械手装置作往复直线运动,完成精确定位的功能。图 9-48 所示是该组件的俯视图。

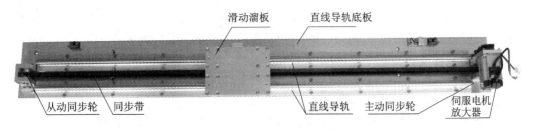

图 9-48 直线运动传动组件的俯视图

图 9-49 所示为直线运动传动组件和抓取机械手装置组装起来的示意图。

直线运动传动组件由直线导轨底板,伺服电机,伺服电机放大器,同步轮,同步带,直线导轨,滑动溜板,拖链,原点接近开关,左、右极限开关组成。

① 伺服电机由伺服电机放大器驱动,通过同步轮和同步带带动滑动溜板沿直线导轨作往复直线运动,从而带动固定在滑动溜板上的抓取机械手装置作往复直线运动。同步轮齿距为 5 mm,共 12 个齿,即旋转一周抓取机械手位移 60 mm。

② 抓取机械手装置上所有的气管和导线都沿拖链敷设,进入线槽后分别连接到电磁阀组和接线端口上。

③ 原点接近开关与左、右极限开关安装在直线导轨底板上。原点接近开关和右极限开关

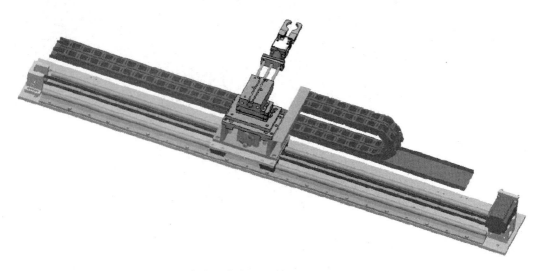

图 9-49 直线运动传动组件和抓取机械手装置示意图

如图 9-50 所示。

图 9-50 原点接近开关和右极限开关

④ 原点接近开关是一个无触点的电感式接近传感器,用来提供直线运动的起始点信号。

⑤ 左、右极限开关均是有触点的微动开关,用来提供越程故障时的保护信号。当滑动溜板在运动中越过左或右极限位置时,极限开关会动作,从而向系统发出越程故障信号。

(3) 气动控制回路

输送单元的气动控制回路如图 9-51 所示。

在输送单元的气动控制回路中,驱动摆动气缸和手指气缸的电磁换向阀采用的是二位五通双电控电磁换向阀,电磁阀外形如图 9-52 所示。

双电控电磁换向阀与单电控电磁换向阀的区别在于,对于单电控电磁换向阀,在无电控信号时,阀芯在弹簧力的作用下会被复位;而对于双电控电磁换向阀,在两端都无电控信号时,阀芯的位置取决于前一个电控信号。

注意:双电控电磁换向阀的两个电控信号不能同时为"1",即在控制过程中不允许两个线圈同时得电,否则可能会造成电磁线圈烧毁,当然,在这种情况下阀芯的位置是不确定的。

2. 相关知识点

在输送单元中,驱动抓取机械手装置沿直线导轨作往复运动的动力源可以是步进电机,也可以是伺服电机,视实验的内容而定。变更实验项目时,由于所选用的步进电机和伺服电机的安装孔大小及孔距相同,所以更换是十分容易的。步进电机和伺服电机都是机电一体化技术

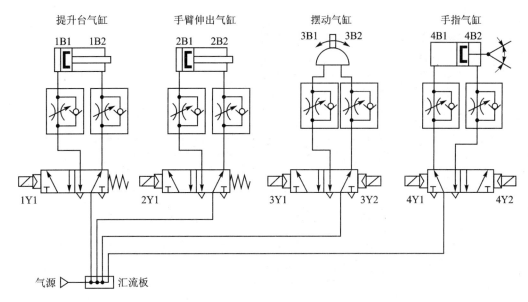

图 9-51 输送单元的气动控制回路

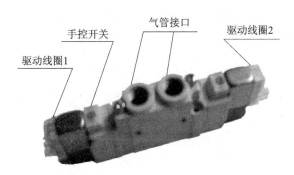

图 9-52 双电控电磁换向阀

的关键产品,下面将对步进电机进行介绍。

步进电机是将电脉冲信号转换为相应的角位移或直线位移的一种特殊执行电机,每输入一个电脉冲信号,电机就转动一个角度,它的运动形式是步进式的,所以称为步进电机。

(1) 步进电机的工作原理

下面以一台最简单的三相反应式步进电机为例,简单介绍步进电机的工作原理。图 9-53 所示是一台三相反应式步进电机的原理图。定子铁芯为凸极式,共有 3 对(6 个)磁极,每两个空间相对的磁极上绕有一相控制绕组。转子用软磁性材料制成,也是凸极结构,只有 4 个齿,齿宽等于定子的极宽。

当 A 相控制绕组通电,其余两相均不通电时,电机内建立以定子 A 相极为轴线的磁场。由于磁通具有力图走磁阻最小路径的特点,从而使转子齿 1、3 的轴线与定子 A 相极轴线对齐,如图 9-53(a)所示。当 A 相控制绕组断电,B 相控制绕组通电时,转子在反映转矩的作用下,逆时针转过 30°,使转子齿 2、4 的轴线与定子 B 相极轴线对齐,即转子走了一步,如图 9-53(b)所示。当在断开 B 相,使 C 相控制绕组通电时,转子逆时针方向又转过 30°,使转子齿 1、3 的轴线与定子 C 相极轴线对齐,如图 9-53(c)所示。如此按 A→B→C→A 的顺序轮

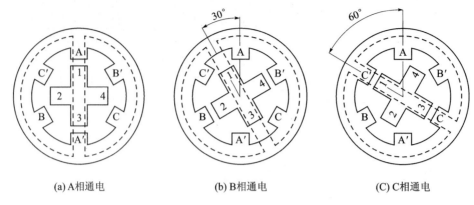

(a) A相通电　　　　　　(b) B相通电　　　　　　(C) C相通电

图 9-53　三相反应式步进电机的原理图

流通电,则转子就会一步一步地按逆时针方向转动,其转速取决于各相控制绕组通电与断电的频率,旋转方向取决于控制绕组轮流通电的顺序;若按 A→C→B→A 的顺序通电,则电机按顺时针方向转动。

上述通电方式称为三相单三拍。"三相"是指三相步进电机,"单"是指每次只有一相控制绕组通电,控制绕组每改变一次通电状态称为一拍,"三拍"是指改变 3 次通电状态为一个循环。把每一拍转子转过的角度称为步距角,三相单三拍运行时步距角为 30°。显然,这个角度太大,不能付诸实用。

如果把控制绕组的通电方式改为 A→AB→B→BC→C→CA→A,即一相通电接着二相通电间隔地轮流进行,完成一个循环需要经过 6 次改变通电状态,则称为三相单、双六拍通电方式。当 A、B 两相绕组同时通电时,转子齿的位置应同时考虑两对定子极的作用,只有 A 相极和 B 相极对转子齿所产生的磁拉力相平衡的中间位置才是转子的平衡位置。这样,三相单、双六拍通电方式下转子平衡位置增加了一倍,步距角为 15°。

进一步减少步距角的措施是,采用定子磁极带有小齿,转子齿数很多的结构。分析表明,这样结构的步进电机,其步距角可以做得很小。一般来说,实际的步进电机产品都采用了这种方法来实现步距角的细分。例如,输送单元所选用的 Kinco 三相步进电机 3S57Q-04056,它的步距角在整步方式下为 1.8°,在半步方式下为 0.9°。

除了步距角外,步进电机还有如保持转矩、阻尼转矩等技术参数,这些参数的物理意义请参阅有关步进电机的资料。3S57Q-04056 的部分技术参数如表 9-1 所列。

表 9-1　3S57Q-04056 的部分技术参数

参数名称	步距角/(°)	相电流/A	保持扭矩/(N·m)	阻尼扭矩/(N·m)	电机惯量/(kg·cm²)
参数值	1.8	5.8	1.0	0.04	0.3

(2) 步进电机的使用

使用步进电机时,一要注意正确地安装,二要正确地接线。

安装步进电机必须严格按照产品说明的要求进行。步进电机是一个精密装置,安装时注意不要敲打它的轴端,更千万不要拆卸电机。

不同的步进电机的接线有所不同,3S57Q-04056 的接线图如图 9-54 所示,3 个相绕组的6根引线必须按头尾相连的原则连接成三角形,改变绕组的通电顺序就能改变步进电机的转动方向。

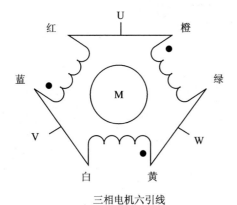

线　色	电机信号
红色	U
橙色	
蓝色	V
白色	
黄色	W
绿色	

图 9-54　3S57Q-04056 的接线

参 考 文 献

[1] 宋文绪,杨帆. 自动检测技术[M]. 北京:高等教育出版社,2004.
[2] 周乐挺. 传感器与检测技术[M]. 北京:高等教育出版社,2005.
[3] 潘永湘,等. 过程控制与自动化仪表[M]. 北京:机械工业出版社,2009.
[4] 梁森,等. 自动检测技术及应用[M]. 北京:机械工业出版社,2006.
[5] 刘丽华. 自动检测技术及应用[M]. 北京:清华大学出版社,2010.
[6] 谢文和. 传感器及其应用[M]. 北京:高等教育出版社,2003.